농부, 스타셰프, 맛샘의 음식 이야기

자연의
치유식탁

인천 서구, 김포, 강화도의 문화와 농업의 치유력이 어우러진 건강한 삶

농부, 스타셰프, 맛샘의 음식 이야기

자연의 치유식탁

농부 **김금숙 · 이남수**

스타셰프(산업인력공단 선정) **조성현**

맛샘 **이종필**

Creating the Taste of Tomorrow

"자연의 속삭임, 치유의 손길: 농업을 통한 마음과 몸의 회복"

BAEKSAN

"김금숙 씨의 '자연의 치유식탁'은 단순한 요리책을 넘어 검단 지역의 풍부한 농업과 문화를 담은 생생한 이야기입니다. 그녀의 열정과 삶의 여정이 모든 이에게 깊은 영감을 주길 바랍니다."
검단농협을 대표하여, 김금숙 씨의 '자연의 치유식탁' 출간을 진심으로 축하드립니다.

이 책은 단순한 요리책이 아닌, 인천 서구 검단 지역의 농업, 문화, 그리고 사람들의 삶을 아우르는 깊은 이야기를 담고 있습니다.

김금숙 씨의 인생 여정, 끊임없는 배움과 성장의 과정은 많은 이들에게 영감을 줄 것입니다.

검단농협은 항상 지역사회의 발전과 조합원의 복리 증진을 위해 노력해 왔습니다. 김금숙 씨의 이야기와 '단풍나무' 식당에서 실천하는 'Farm to Restaurant' 철학은 우리 농협이 추구하는 가치와도 맥을 같이합니다. 로컬푸드 직거래와 지역 특산물을 활용한 사업 활성화를 통해 지역 농업의 지속 가능성을 높이고자 하는 우리의 노력이 김금숙 씨의 삶과 사업에서도 반영된 것을 보며 큰 자긍심을 느낍니다.

이 책을 통해 김금숙 씨가 전하는 메시지는 분명하고 강력합니다. 결코 포기하지 않고, 꿈을 향해 나아가며, 삶을 향한 열정을 유지하라는 것입니다. 김금숙 씨의 삶에서 우리는 농업과 요리, 교육의 미래를 탐구하는 새로운 영감과 깨달음을 얻게 됩니다.

'자연의 치유식탁'은 단순히 요리법을 넘어서, 우리 지역의 자연과 문화, 그리고 그 안에서 살아가는 사람들의 이야기를 전합니다. 이 책이 더 많은 사람들에게 검단 지역의 아름다움과 농업의 중요성을 알리는 계기가 되길 바랍니다.

김금숙 씨의 끊임없는 도전과 성장의 여정이 독자 여러분에게 깊은 울림과 영감을 줄 것이라 확신합니다. 그녀의 이야기와 함께, 우리 모두가 더욱 건강하고 풍요로운 삶을 꿈꿀 수 있기를 바랍니다.

검단농협
조합장 양동환

"내가 먹는 것이 나다" - 이 깊은 철학은 저의 삶과 일을 이끄는 지표입니다. 단순히 농사를 짓는 것을 넘어서, 건강한 먹거리를 통해 모두가 더 건강하게 살 수 있는 세상을 만들고자 하는 저의 노력은, 깊은 고민과 지속적인 실천에서 비롯됩니다. 제가 정성껏 생산한 농산물이 여러분의 건강한 삶의 밑거름이 되기를 진심으로 희망합니다.

안녕하세요, 저는 김금숙입니다. 지금으로부터 약 60년 전, 15세의 어린 나이에 농사의 길을 걷기 시작했고, 오늘날 73세의 나이에 이르기까지 농업을 생명처럼 여기며 살아왔습니다. 한평생을 농부로 살아오며, 저는 땅과 자물이 주는 치유와 기쁨을 몸소 체험했습니다. 그리고 이제는 단풍나무라는 농가맛집을 운영하며, 저의 농업 경험과 가치를 더 많은 사람들과 공유하고자 합니다.

저의 큰아들 이남수 영농회장은 제가 이룬 일을 이어받아 더 큰 꿈을 키워가고 있으며, 막내아들 이승수와 함께하는 맛집에서는 저희 농장에서 재배한 신선한 재료로 요리를 선보이고 있습니다. 저는 검단농협의 로컬푸드에 계절 식재료를 공급하며, 지역사회의 부녀회장으로서 봉사하는 것을 자랑스럽게 생각합니다. 이 모든 일을 통해 저는 농부로서의 삶이 주변 사람들과 후손들에게 어떤 영향을 미칠 수 있는지 깊이 깨닫게 되었습니다.

저는 농사일에서 삶을 치유하고 큰 힘을 얻었습니다. 힘든 시간 속에서도 밭에서의 노동은 저에게 위안과 기쁨을 주었고, 계절의 변화와 함께 자연의 아름다움을 느낄 수 있었습니다.

저는 흙의 향기와 작물의 성장을 통해 삶의 리듬을 느꼈으며, 이러한 경험들이 제 삶을 풍요롭게 만들었습니다.

"내가 먹는 것이 나다." 이 말은 제 삶의 지표이자 철학입니다. 건강한 먹거리를 생산하고자 하는 저의 노력은 단순한 농사일이 아니라, 건강한 삶을 위한 깊은 고민과 실천의 결과입니다. 제가 생산한 농산물로 여러분 모두가 건강한 삶을 살 수 있기를 진심으로 바랍니다.

이 책을 통해, 저는 농업의 가치와 치유의 중요성을 여러분에게 전달하고자 합니다. 농사는 단순한 생계 수단이 아닌, 삶의 근원이자 치유의 원천입니다. 저는 여러분이 이 책을 읽으며 농업과 자연이 주는 치유와 기쁨을 공감하고, 더 건강하고 풍요로운 삶을 살아가는 데 영감을 받으시길 바랍니다.

항상 건강하고 행복한 삶을 위하여,

농부 김금숙 드림

Preface

"농업, 자연과의 깊은 연결을 통해 삶의 질을 높이고 정신적, 육체적 건강을 증진하는 치유의 힘을 농업법인 단풍나무가 여러분과 공유하고자 합니다. 도시농업을 통해, 우리는 지역 도시민들과 함께 농업의 경험을 공유하며, 자연이 주는 치유와 기쁨을 나누고자 합니다. 이를 통해 우리 모두가 더 건강하고 풍요로운 삶을 영위할 수 있기를 바랍니다."

안녕하세요.

검단농협 왕길동 대왕영농회 영농회장 이남수입니다. 저는 김금숙 씨의 첫째 아들이자, 농부의 아들로 자랐습니다. 어머니를 통해 맛샘 이종필 씨와 스타셰프 조성현 씨를 만나게 되었으며, 이들과의 인연은 제 삶에 큰 영향을 미쳤습니다.

저희 어머니와 산업체 위탁과정에 특강으로 오신 스타셰프와의 만남으로 제게는 새로운 관점이 생겼습니다. 저희는 2019년 최종섭 대표님이 운영하는 봉화 해오름 농장을 방문하여 6차 산업의 현장을 직접 체험하고 벤치마킹을 시도해 보았으며, 이 경험으로 농업에 대한 관점을 확장했습니다.

어머니의 농사에 대한 열정과 노력은 저에게 큰 영감을 주었습니다. 계절마다 변화하는 농사의 모습을 통해 농업이 단순한 일이 아니라, 인간의 삶과 밀접하게 연결된 치유의 과정임을 깨달았습니다. 어머니의 밭에서 자란 농산물은 단순한 식재료가 아니라, 건강과 치유를 가져다주는 소중한 선물이었습니다.

이제 저는 '농업법인 단풍나무'를 통해 인천 검단구, 김포, 강화도 지역에 도시농업 치유센터를 설립하고, 지역사회에 기여하고자 합니다. 이곳에서는 농업을 통한 치유와 건강, 지속 가능한 생활 방식을 공유하고 사람들이 자연과 더 가까워질 수 있도록 도울 계획입니다.

　이 책을 통해, 저는 어머니와 함께한 농업의 경험과 농업이 주는 치유와 기쁨을 여러분과 나누고자 합니다. 농업은 단순한 생계 수단이 아니라, 삶의 질을 높이고 정신적, 육체적 건강을 증진하는 강력한 수단임을 여러분과 공유하고 싶습니다.

농업을 통한 치유와 건강한 생활을 위하여,
농부의 아들 영농회장 이남수 드림

Preface

스타셰프 조성현이 전하는 '자연의 치유식탁', 몸과 마음에 필요한 영양과 에너지를 제공하는 치유의 요리로 여러분의 삶에 변화를 선사합니다.
전통과 현대가 결합한 독창적인 조리법으로 만든 음식이 건강을 향상시키고, 삶의 질을 높입니다. 건강한 식탁으로 초대합니다.

안녕하세요, 스타셰프 조성현입니다.

저는 2023년부터 2024년까지 산업인력관리 공단에서 선정한 스타기술인으로, 싱가포르 국제 요리대회에서 동상을 수상한 바 있으며, 2022년에는 대한민국 국가 공인 조리기능장이 되는 영광을 안았습니다.

이러한 경력을 통해 제가 지금까지 쌓아온 기술과 경험을 바탕으로, '자연의 치유식탁' 프로젝트에 참어하게 된 것을 매우 기쁘게 생각합니다.

이 프로젝트는 단순한 요리 프로그램을 넘어서, 치유와 건강을 중심으로 한 음식의 중요성을 강조합니다.

요리는 단순히 맛을 전달하는 행위가 아니라, 몸과 마음을 치유하고, 삶의 질을 높이는 중요한 수단이라는 것을 이번 기회를 통해 다시 한번 깨닫게 되었습니다.

제가 이번 프로젝트에 참여하며 가장 중점을 둔 부분은 음식의 스타일과 치유음식 제조입니다. 음식은 그 형태와 재료, 조리 방법에 따라 다양한 효능이 있으며, 이러한 요소들이 조화롭게 어우러져 건강에 긍정적인 영향을 미칠 수 있습니다. 저는 전통적인 요리법과 현대적인 조리 기술을 결합하여, 몸과 마음에 치유를 가져다줄 수 있는 새로운 스타일의 치유음식을 개발하는 데 집중했습니다.

이 책을 통해, 저는 제가 추구하는 요리 철학과 기술, 그리고 치유음식에 대한 접근 방식을 여러분과 공유하고자 합니다. 요리는 단순히 배를 채우는 행위를 넘어서, 우리의 건강과 삶의 질을 향상하는 중요한 역할을 합니다. 저는 이 책을 통해 여러분이 건강하고 풍요로운 식탁을 경험하시길 바라며, 이러한 식탁이 여러분의 삶에 긍정적인 변화를 가져다주기를 희망합니다.

항상 건강과 행복을 위한 요리를 추구하는

스타셰프 조성현 드림

Preface

Cooking is a philosophy, it's not a recipe.
"요리는 조리법이 아니라 철학입니다."
요리의 철학처럼, 도시 농업은 단순한 재배가 아닌, 삶과 자연의 조화를 추구하는 문화입니다.

부천대학교 호텔외식조리학과 교수로서, 이 책을 김금숙 씨와 함께 집필하게 된 동기는 다음과 같습니다.

검단의 한 농부이자 우리 대학의 야간 학생인 김금숙 씨와의 만남에서 비롯되었습니다.

61세의 나이에도 불구하고, 그녀는 낮에는 농사를 지으며, 밤에는 한 시간을 운전해 대학 강의실로 향하는 열정을 보여주었습니다.

김금숙 씨의 끊임없는 노력과 열정은 단순히 개인적인 성취를 넘어, 배움의 가치와 농업 노동의 중요성을 우리 사회에 전파하는 데 큰 영향을 끼칠 것입니다. 그녀의 삶과 치유농업의 가치를 재조명하고자 이 책 집필을 제안했습니다.

저는 조리학과 교수로서 "요리는 조리법이 아니라 철학입니다."라는 마르코 피에르 화이트의 말에 공감합니다. 요리가 단순한 레시피를 넘어, 문화와 철학의 깊이를 지닌다는 의미입니다. Cooking is a philosophy, it's not a recipe. 이 책에서는 이 철학을 바탕으로, 인천 서구, 왕길동, 대곡동, 김포, 강화도 지역 사회의 일상적인 도시농업과 음식 준비 과정을 탐구합니다. 이러한 과정은 간단해 보이지만, 실제로는 자원과 재료의 생산부터 음식의 준비, 제공에 이르기까지 문화의 복합체로 통합됩니다.

또한, 이 책은 로컬푸드 시장을 경제 발전의 장소이자 인간에게 친숙한 공간으로 바라보는 관점을 제시합니다. 좋아하는 음식을 사거나, 요리 재료를 찾거나, 가족과 함께하는 시간이 모두 시장에서의 경험으로 이어집니다. 이러한 경험은 요리가 단순한 레시피가 아니라, 삶을 살아가는 '문화'이자 '자세'임을 보여줍니다.

도시농업문화와 요리법의 상호작용은 우리가 일상에서 경험하는 간단한 것들에서도 특별한 의미를 찾을 수 있음을 시사합니다. 이 책은 요리법과 개인의 관계, 그리고 이러한 관계가 어떻게 다양한 문화적 경험을 통해 우리의 일상생활에 혁신을 가져올 수 있는지에 대해 탐구합니다.

이 책을 통해, 독자 여러분은 요리와 농업이 인간의 삶에 미치는 영향과 그 가치를 새롭게 인식할 수 있을 것입니다. 그리고 이는 김금숙 씨와 같은 농부들의 삶을 통해 더욱 깊은 이해와 존중을 하게 될 것입니다.

이 책이 나올 수 있도록 허락해 주신 백산출판사 진욱상 대표님과 진성원 상무님, 책의 디자인 수준을 높여주신 오정은 실장님, 꼼꼼한 교정으로 책의 완성도를 높여주신 박시내 대리님께 감사드립니다.

농업에서 삶의 가치를 찾은

맛샘 이종필 드림

서문

인천 서구, 맛의 혁명

우리는 인천 서구 검단의 변화하는 자연과 문화 속에서 펼쳐지는 감동적인 이야기, 그리고 그곳에서 삶을 꾸려가는 사람들을 통해 농업과 요리, 그리고 교육의 미래를 탐구합니다. 이 책의 중심에는 김금숙 씨와 그의 가족이 있습니다. 그들의 끊임없는 학습과 열정은 모든 이에게 영감을 줍니다.

1952년 황해도 연백에서 태어난 금숙씨는 어린 시절부터 역경을 마주하며 인천 월미도 근처 안동포 항구로 피난하여 검단에 정착했습니다. 그녀는 어려운 환경 속에서도 꿋꿋하게 삶을 개척해나갔습니다. 이러한 배경은 김금숙 씨의 삶이 우리에게 전하는 중요한 메시지입니다.

어떤 상황에서도 희망을 잃지 말고 전진하라는 것입니다.

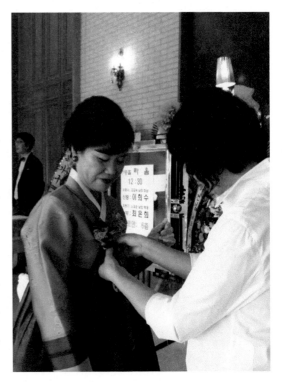

김금숙 씨는 61세에 호텔외식조리학과에 입학하여 졸업하고, 이어 학사학위 전공심화 과정을 마치며 놀라운 성취를 이루었습니다. 그녀의 이야기는 나이와 상관없이 꿈을 향한 도전은 계속될 수 있다는 것을 보여줍니다.

그랜드 워커힐 호텔의 스타셰프와의 만남은 김금숙 씨에게 새로운 가능성의 문을 열었습니다. 이 인연은 농업과 요리의 세계를 잇는 중요한 연결고리가 되었습니다. 김금숙 씨의 큰 아들이자 영농회장인 이남수 씨와의 모자 간 협력은 인천 서구 검단 지역의 농업 발전에 큰 기여를 했습니다.

'단풍나무' 식당은 김금숙 씨의 삶과 열정을 담은 공간입니다. 이곳은 시골 농부의 소박함과 레트로 감성이 어우러져, 방문하는 이들에게 따뜻한 추억과 편안함을 선사합니다. 이 식당은 'Farm to Restaurant' 철학의 실천을 통해 농업과 요리의 아름다운 조화를 보여줍니다.

이 책은 김금숙 씨의 삶을 통해 인천 서구 검단 지역의 역사적 변화, 농업과 가정생활, 그리고 교육과 사회적 기여를 탐구합니다. 그녀의 경험과 통찰은 이 지역의 문화적, 사회적 맥락을 깊이 이해하는 데 필수적인 자료가 됩니다.

김금숙 씨의 이야기는 우리에게 중요한 교훈을 전달합니다.

결코 포기하지 말고, 끊임없이 배우고 성장하며, 삶을 향한 열정을 유지하라는 것입니다.

그녀의 삶은 우리 모두에게 도전을 두려워하지 말고, 꿈을 향해 나아가야 한다는 강력한 메시지를 전합니다.

이 책의 페이지를 넘기며, 우리는 인천 서구 검단의 아름다운 자연과 문화, 그곳에서 펼쳐지는 사람들의 삶 속으로 여러분을 초대합니다. 김금숙 씨의 이야기와 함께, 우리는 농업과 요리, 교육의 미래를 탐구하며, 새로운 영감과 깨달음을 얻게 될 것입니다.

CONTENTS

자연의 치유식탁

PART 1

농 부 의 손 길 , 자 연 의 선 물

인천 서구의 농업은 전통과 현대 기술이 결합된 역사 깊은 분야입니다. 이곳의 풍요로운 토양과 오랜 농업 전통은 다양한 작물의 재배를 가능케 합니다. 농부들은 조상의 지혜를 바탕으로 땅을 가꾸며, 전통 농법과 현대 기술의 조화로 농산물의 질을 높이고 지속 가능한 방식으로 농사를 짓습니다.

계절과 환경에 주의를 기울이며 자연과 조화를 이루는 지속 가능한 재배 방법은 인천 서구 농업의 중심입니다. 이러한 접근은 농작물의 품질을 향상하고 지역 환경을 보호합니다. 인천 서구에서 재배되는 농산물은 독특한 풍미와 품질을 자랑하며, 지역 식문화의 중요한 부분입니다.

이처럼, 인천 서구의 농업은 과거와 현재를 잇는 다리이자, 전통과 현대의 조화를 통해 지역의 특별한 농산물과 문화를 만들어냅니다. 여기서 농부의 손길은 자연의 아름다운 선물로 화답합니다.

Creating the Taste of Tomorrow

"자연의 속삭임, 치유의 손길: 농업을 통한 마음과 몸의 회복"

인천의 농업 역사:
인천 서구와 인접 지역을 중심으로

인천 서구 검단의 대곡동과 왕길동, 김포, 강화도는 한국 농업의 중심지로서 각각의 독특한 자연 환경과 농촌 인구 특성을 바탕으로 치유농업을 선도하고 있습니다. 이 지역들의 농업 발전과 변화는 역사적 맥락이 깊으며, 이 중심에는 김금숙 씨와 그의 가족의 이야기가 자리 잡고 있습니다.

김금숙 씨의 이야기는 6.25 전쟁이라는 국가적 위기 속에서 시작됩니다. 1950년 6월 25일, 조선민주주의인민공화국이 삼팔선 전역에 걸쳐 기습적으로 대한민국을 침공한 이른바 '폭풍 작전'으로 인해, 김금숙 씨 가족은 생존과 안전을 위해 황해도 연백에서 인천 검단으로 피난을 감행합니다. 이 전쟁은 유엔군과 중국인민지원군 등의 참전으로 세계적인 대규모 전쟁으로 비화할 뻔했으나, 1953년 7월 27일 체결된 한국 군사 정전에 관한 협정으로 일단락됩니다. 그러나 휴전 이후에도 남북한 간의 유·무형적 갈등은 지속되고 있습니다.

이 전쟁의 배경 속에서, 김금숙 씨의 가족은 새로운 삶을 시작합니다. 그들은 인천 서구 검단에 정착하여 농사를 시작하면서, 어려운 환경 속에서도 끊임없이 노력하며 생존과 번영을 위해 애썼습니다. 그들의 이야기는 냉전과 실전, 국부전과 전면전이라는 복잡한 역사의 흐름 속에서도 희망을 잃지 않고 꿋꿋이 삶을 이어가는 한 가족의 모습을 보여줍니다.

김금숙 씨와 그의 가족은 인천 서구 검단의 농업 발전에 중요한 역할을 했습니다. 그들의 노력은 오늘날 이 지역이 치유농업의 중심지 역할을 하게 된 기반이 되었습니다. 이들의 삶은 단순히 농업의 발전뿐만 아니라, 지역사회와 문화에도 깊은 영향을 미쳤습니다.

이 책의 첫 장에서는 이러한 역사적 맥락을 바탕으로, 인천 서구 검단과 인접 지역의 농업 발전사를 탐구하고, 김금숙 씨와 그의 가족이 겪은 여정을 통해 농업과 지역사회, 그리고 치유의 중요성에 대해 깊이 있게 조명합니다. 이는 농업이 단순히 식량 생산의 수단을 넘어, 사람들의 삶과 문화, 역사와 밀접하게 연결되어 있음을 보여주는 강력한 사례입니다.

UNIT 1. 인천 서구 검단 지역

1. 검단 지역의 개요

　인천 서구의 북쪽에 위치한 검단은 인천 본토의 최북단 지역입니다. 이 지역은 원래 경기도 김포군에 속했지만 1995년에 인천 서구로 편입되었습니다. 검단 지역에는 금곡동, 마전동, 불로동, 대곡동 등 다양한 동이 포함되어 있으며, 경인아라뱃길을 조성하면서 다른 서구 지역과 분리되어 '김포섬'의 일부가 되었습니다. 인구가 점차 늘어 60만 명에 가까워지면서 2024년도부터는 아라뱃길을 기준으로 서구와 검단구로 분구했습니다. 인천 서구 가현산은 검단 주민이 즐겨 찾는 아름다운 둘레길입니다.

• 인천 서구 가현산

2. 검단 지역의 어업과 공유수면 매립을 통한 농업의 발전

인천 서구 검단 지역의 역사와 발전에 대해 이야기할 때, 동아건설의 김포 간척사업은 중요한 역할을 합니다. 이 사업은 인천 서구와 김포군에 걸쳐 있는 검단 지역의 지리적, 경제적 변화에 큰 영향을 미쳤습니다. 특히, 김금숙 씨와 그의 가족이 황해도 연천에서 6.25 전쟁 중 인천 월미도 근처 안동포 항구로 피난을 왔고, 이후 이주하여 검단면 거여도 및 경서동에서 정착한 배경에는 이 지역의 어업과 공유수면 매립을 통한 농업의 발전이 깊이 연관되어 있습니다. 이들은 검단면에 정착하여 어업과 농업, 축산업에 매진했습니다. 아래 사진의 왼쪽은 AI가 당시 시대를 상상하여 그린 그림이고, 오른쪽 사진은 당신 김금숙 씨가 검단면에 바닷물이 들어와 배를 띄우던 귀한 사진입니다.

3. 지명 유래

검단의 이름에 대한 해석은 두 가지가 있습니다. 인천시에서는 '검'이 고대어로 '신' 또는 '왕'을, '단'이 '마을'을 의미하여 '신 또는 왕의 마을' 또는 '신에게 제사를 지내는 마을'이라는 의미로 해석합니다. 반면, 서구청에서는 '검단'의 '검(黔)'이 검은색을, '단(丹)'이 붉은색을 의미하여 검붉은 갯벌이 많은 지역이라는 의미로 해석합니다.

4. 동아건설의 김포 간척사업

동아건설산업의 김포 간척사업은 1980년대 초, 농경지 조성 목적으로 시작되었습니다. 이 사업은 김포 간척지(3천800㏊)와 청라도 인근 공유수면(1천27㏊)을 포함했습니다. 사업의 배경에는 정부의 민간기업 참여를 유도하는 대규모 간척사업 방침이 있었습니다. 당시 이 지역의 공유수면 매립은 경제적 번영을 상징하는 것으로 여겨졌으며, 이는 검단 지역의 농업과 어업에 큰 변화를 가져왔습니다. 이때 김금숙 씨 가족은 검단면에 자력으로 제방을 쌓고 매립하여 3천평의 밭을 만들어서 농사를 지었으며, 소도 수십 마리 키웠습니다. 그러나 앞으로 공유수면 매립지 도로가 나면서 축산업을 그만두어야 했습니다.

5. 지역 문화와 역사에 대한 영향

김금숙 씨와 그의 가족의 이야기는 이러한 배경 아래에서 검단 지역의 문화와 역사를 이해하는 데 중요한 부분을 차지합니다. 과거 사진에서 볼 수 있듯이, 검단 지역에서의 어업 활동은 이 지역의 생활 방식과 경제에 깊이 뿌리내렸습니다. 동아건설의 김포 간척사업은 이러한 전통적인 생활 방식에 현대적인 변화를 가져왔으며, 이는 검단 지역의 역사적 배경과 문화적 정체성에 대한 이해를 더욱 풍부하게 합니다.

6. 대곡동과 왕길동의 역사

대곡동은 큰 골짜기에 위치한 마을로 '대곡(大谷)'이라 불렸으며, 소규모 공장지대와 자연촌락, 경작지가 분포한 곳입니다. 왕길동은 조선 중엽에 '왕길(旺吉)'이라는 이름이 붙은 마을로, 이 지역은 경제적 번영과 풍요를 상징하며 현재는 검단 지역의 주요 상업지구 중 하나입니다.

　김금숙 씨와 이남수 영농회장은 대곡동의 싱그러운 대지에서 치유의 손길을 가미한 농업을 펼치고 있습니다. 이러한 녹색의 터전 위에 자리 잡은 김금숙 씨의 농가 맛집, 단풍나무집은 왕길역 인근에서 "Farm to Restaurant"이라는 혁신적인 콘셉트로 지역 사회에 새로운 미각 경험을 제공하고 있습니다. 이 집은 김금숙 씨가 신혼의 꿈을 키우며 처음 지은 공간으로, 지금은 레트로(Retro) 감성을 품은, 과거와 현재가 어우러진 매력적인 장소입니다.

　그녀의 이야기는 단풍나무집의 기원과 깊게 연결되어 있습니다. 신혼 시절, 김금숙 씨는 집과 외양간을 직접 지었고, 마당에 작은 단풍나무를 심었습니다. 시간이 흘러, 그 작은 나무는 60년이 넘는 시간 동안 자라, 웅장한 거목으로 서 있습니다. 이 거목이 지닌 시간의 깊이와 가족의 역사를 기리며, 그녀는 이 장소를 '단풍나무집'이라 명명했습니다. 이곳은 단순히 식사를 하는 곳을 넘어, 김금숙 씨가 아들 셋을 낳고, 농사하고 소를 키우며 삶을 일구어 온 생명력이 넘치는 터전입니다.

　단풍나무집은 과거의 전통적인 멋과 분위기를 현대적인 감각으로 재해석한 공간으로, 방문객들에게는 시간을 거슬러 옛 정취를 느끼게 하면서도 현대적인 편안함을 제공하는 독특한 경험을 선사합니다. 이곳에서 제공되는 음식은 땅에서 직접 수확한 신선한 재료로 만들어, 맛의 치유를 넘어 마음과 영혼까지 어루만지는 깊은 위로를 전합니다. 단풍나무집은 김금숙 씨의 손길이 닿은 곳, 그리고 가족의 사랑과 역사가 숨 쉬는 곳으로, 방문하는 이들에게 잊을 수 없는 추억과 풍성한 이야기를 선물합니다.

UNIT 2. 김포 지역

1. 자연 및 위치

김포는 인천 서구와 인접하며 한강 하구에 위치합니다. 이 지역은 비옥한 토양과 풍부한 물 자원을 바탕으로 농업에 매우 적합한 환경을 갖추고 있습니다. 김포의 자연 환경은 이 지역의 농업 발전에 핵심적인 역할을 해왔습니다.

2. 농촌 인구

김포는 도시화와 함께 현대적인 농업이 발달했지만, 전통적인 농법을 유지하는 농가들도 여전히 존재합니다. 이러한 공존은 김포의 농업이 가진 다양성과 역사적 깊이를 나타냅니다.

1) 김포의 역사적 배경

김포는 반도의 형태로 강과 바다에 둘러싸여 있습니다. 이 지역의 둘레길을 걷다 보면, 해가 뜨고 지는 시간에 따라 색이 변하는 섬들과 마주할 수 있습니다. 과거 6.25 전쟁 전에는 이 섬들에 사람들이 살고 농사도 지었으며, 서울로 오가는 배들이 잠시 쉬어가는 포구로 사용되었습니다.

2) 백마도(白馬島)

백마도는 김포의 시작점인 신곡리에 위치한 작은 섬입니다. 이 섬은 갈대숲과 흰꼬리수리가 찾아오는 아름다운 곳으로, 조선시대에는 궁중의 마필을 관리하는 곳이었습니다. 현재는 군사 지역으로 설정되어 민간인의 출입이 통제되고 있습니다.

3) 홍도(鴻島)

홍도는 일제강점기 간척사업으로 육지가 된 섬입니다. 이곳은 기러기의 땅으로 유명하며, 천연기념물인 재두루미가 겨울을 보내는 곳입니다. 옛날에는 이 지역이 아이들의 놀이터로 사용되었습니다.

4) 독도(獨島)

김포의 독도는 한반도 최동단의 독도와는 다른 작은 바위섬입니다. 이곳은 일제강점기에 한강변에 둑을 쌓기 위해 많은 자갈이 옮겨졌던 희생의 섬입니다. 고촌 전호리에서 운양동 샘재까지 이어진 제방은 이 섬에서 옮겨진 자갈로 만들어졌습니다.

5) 유도(留島)

유도는 한강의 끝자락에서 임진강과 예성강의 물줄기가 만나는 조강에 위치한 작은 무인도입니다. 이 섬은 다양한 생물들이 머물고 새들이 쉬어가는 중요한 생태 공간입니다.

6) 부래도(浮來島)

부래도는 대명항 평화누리길을 따라 가다가 만나는 작은 무인도입니다. 이 섬은 강화와 통진 사이를 흐르는 염하를 따라 떠내려왔으며, 섬 안에는 성터가 남아 있습니다. 병인양요 때는 전초기지로 사용되었으며, 섬에 걸치는 낙조가 아름답습니다.

이러한 김포의 자연 및 위치와 농촌 인구, 그리고 김포의 역사적 배경은 이 지역의 농업 발전과 문화적 가치를 이해하는 데 중요한 요소입니다. 김포의 다양한 섬들과 그곳에 얽힌 역사는 이 지역의 농업과 문화에 깊은 영향을 미쳤으며, 지역의 농업 발전과 함께 그 가치가 더욱 빛나고 있습니다.

UNIT 3. 강화도 지역

1. 자연 및 위치

강화도는 서해안에 자리한 아름다운 섬으로, 자연 그대로의 환경이 잘 보존되어 있습니다. 이 지역은 농업과 어업이 공존하며, 강화도의 독특한 지리적 특성이 이 두 산업의 발전에 중요한 역할을 합니다.

2. 농촌 인구

이 섬은 전통적인 농업 방식과 해안가의 특유 생태계를 기반으로 한 농업 활동이 활발합니다. 강화도의 농촌 인구는 도시화 과정에도 불구하고 상당한 비중을 차지하며, 지역 경제의 중요한 역할을 합니다. 특히, 북한에서 남한으로 온 실향민들이 많이 거주하고 있으며, 이들의 이야기는 강화도의 '대룡시장'에서 생생하게 전해집니다.

1) 대룡시장의 배경

대룡시장은 6.25 전쟁 당시 황해도 연백에서 교동도로 피난 온 주민들이 만든 시장입니다. 한강 하구가 분단선이 되어 고향에 돌아갈 수 없게 된 실향민들은 고향 '연백시장'을 본떠 이 골목시장을 창설했습니다. 이 시장은 교동도 경제 발전의 중심지로 50여 년간 기능했으나, 실향민 대부분이 사망하여 인구가 급격히 줄고 재래시장 규모도 축소되었습니다.

2) 교동도의 역사와 발전

교동도는 과거 고려시대에 중국 사신들이 머물던 국제 교역의 중간 기착지였으며, 조선 인조 때는 해상 전략의 요충지로 활용되었습니다. 2014년 교동대교 개통 이후, 대룡시장은 영화 세트장과 같은 모습으로 관광객들에게 알려지기 시작했습니다.

3) 시장의 활성화와 문화 콘텐츠

대룡시장은 다양한 골목(제비거리, 둥지거리 등)과 KBS '1박 2일' 방영으로 유명해졌습니다. 이 재래시장은 실향민들의 추억을 담은 이색 공간이자, 제비가 찾아오는 청정지역으로서의 특성이 있습니다.

4) 실향민의 이야기

대룡시장은 실향민들이 자신의 삶을 이야기하며 스토리텔링을 만들어가는 곳입니다. 이 시장은 속초의 '아바이마을'과 같이 주제가 고향을 떠난 실향민입니다. '아바이마을'은 함경도 방언으로 '아저씨'를 의미합니다. 이곳은 드라마 '가을동화', 예능 프로그램 '1박 2일' 등의 촬영지로도 유명해졌습니다.

이러한 배경과 스토리는 강화도 지역의 농업과 문화, 그리고 그곳에서 살아가는 사람들의 삶을 깊이 이해하도록 도와줍니다. 특히, 이 지역의 역사적 맥락과 실향민들의 삶은 지역의 농업 발전에 중요한 영향을 미치며, 이들의 이야기는 강화도의 농업과 문화에 깊이 각인된 추억과 역사를 담고 있습니다.

'풍토'와 인천의 농업 역사 :
전통에서 현대까지

'풍토'는 한 지역의 자연환경, 특히 토양과 기후가 지닌 독특한 특성을 나타냅니다. 인천 서구 검단, 대곡동, 왕길동, 김포, 강화도의 농업 역사는 이러한 '풍토'의 영향을 깊이 받았습니다.

    일본 철학자 와쓰지 데쓰(和辻 哲郎, Watsuji Tetsurō)는 "풍토(風土)"라는 개념을 중심으로 그의 철학을 전개했습니다. 그의 관점에서 볼 때, 이 지역의 농업 발전은 자연 조건, 지리적 위치, 그리고 계절의 변화에 따라 형성되었습니다. 또한 전통적인 재배 방법과 현대 기술을 접목하여 지속적으로 진화해 왔습니다. 이 지역의 농경은 원시적인 잡곡 재배에서 시작하여, 청동기 시대의 쌀 농사, 철제 농기구의 사용, 체계화된 농사 방법으로 발전했습니다. 일제 강점기 동안 어려움을 겪은 후, 현대에는 농업 기술의 혁신으로 쌀 자급률 100%를 달성했습니다.

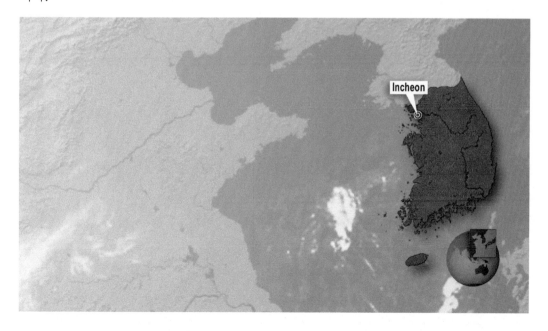

UNIT 1. 인천 서구와 인접지역의 농업 역사: 고대에서 현대, 미래까지

1. 신석기 시대(기원전 3000년 이후)

인천 지역에서의 농업은 신석기 시대부터 시작되었습니다. 이는 인류가 자연 채집에서 벗어나 직접 식량을 생산하는 단계로의 전환을 의미합니다. 농경의 시작은 인류의 생활 방식을 근본적으로 변화시켰으므로, 이를 '신석기 혁명'이라고 일컫습니다.

2. 청동기 시대(기원전 1000년경~기원전 300년경)

농업이 주요 식량원으로 자리 잡기 시작하며, 특히 쌀 농사의 중요성이 증가한 시기입니다.

이 시대의 농업 발전은 농민 계층의 형성과 사회 구조에 중대한 변화를 가져왔습니다. 농업 기술이 발달함에 따라 사회에 다양한 변화가 일기 시작했습니다.

3. 삼국 시대(기원후 1~7세기)

철제 농기구의 도입과 우경(牛耕)의 시작으로 농업 생산성이 크게 향상되었습니다. 이 시기에는 대형 저수지와 같은 수리시설의 건설로 물 관리가 중요해졌으며, 이는 특히 벼 재배에 큰 기여를 했습니다. 농업 기술이 더욱 발달하면서, 농작물의 다양화와 수확량 증가가 이루어졌습니다. 인천 지역에서는 특히 벼 재배가 중요한 역할을 했습니다.

4. 고려 시대(918~1392년)

왜구의 침입으로 인한 어려움에도 불구하고, 내륙 지역에서의 효율적인 농사 기법과 퇴비 기술 개발로 농업이 더욱 발전했습니다. 중국과의 교류를 통해 새로운 식재료와 농업 기술이 도입되었습니다.

인천 지역의 농업은 주로 쌀과 다른 곡물을 중심으로 발전했습니다. 이 시기에 농업은 지역 경제와 사회의 중추적 역할을 담당했습니다.

5. 조선 시대(1392~1910년)

조선 왕조는 농업을 국가의 근본으로 여겼습니다. 왕이 직접 농사의 성공을 기원하는 의식을 치르는 등, 농업의 중요성을 강조했습니다. 세종은 우리나라 최초의 농사지침서로『농사직설』을 편찬하여 조선의 땅과 풍토에 맞게 농사를 짓는 방법의 기초 이론을 제공했습니다.『농사직설』은 농부들의 농사 경험을 토대로 우리나라 풍토에 맞는 농법을 소개한 책입니다. 이 책은 비료를 만드는 방법도 제시했는데, "웅덩이를 파 오줌을 모았다가 겨·쭉정이 따위를 태워 만든 재를 웅덩이의 오줌과 반죽한다"라고 하여 이 방법대로 하면 훌륭한 비료가 된다고 기록되어 있습니다.『세종실록』12년 2월 14일에『농사직설』을 각 도의 감사와 관청 그리고 서울 안의 2품 이상의 모든 관원에게 반포했다고 합니다. 이후 문신 강희맹은 현재의 시흥, 광명, 금천구인 금양에 머물며 농업 지침서인『금양잡록』을 지었습니다. 이 책은 15세기에 곡식의 품종을 최초로 소개했습니다. 조선 시대 인천에서는 고구마, 감자와 같은 외래 작물을 도입하여 다양한 농산품을 생산했습니다.

6. 일제 강점기(1910~1945년)

일제는 조선을 식량 생산 기지로 삼아, 농민들로부터 땅을 빼앗고 공출을 위한 농사를 강제했습니다. 이는 농업의 발전을 저해하고 농민들의 삶을 어렵게 만들었습니다.

7. 현대 농업(1945년~현대)

해방 후, 한국전쟁을 거치며 농업은 큰 어려움에 직면했습니다. 그러나 1960년대 농촌진흥청의 설립으로 농업 기술이 발전하고, 1975년 쌀 자급률 100% 달성 등 중요한 성과를 이루었습니다. 현재는 전통적인 방법과 현대 기술이 융합된 형태로 발전하고 있습니다.

8. 미래 도시 농업

미래 도시 농업은 현재 지속 가능한 식량 생산 시스템을 구축하고, 도시 환경에서 생활의 질을 향상하는 데 중점을 둡니다. 이는 기술 혁신과 생태적 지속 가능성을 바탕으로 도시 공간 내에서 농업을 재구성하며, 식량 안보, 환경 보호, 사회적 결속력 강화 등의 목표를 추구합니다.

• 수직농업(Vertical farming)   • 스마트팜 기술(Smart farm technology)

1) 기술 혁신

도시 농업의 핵심 요소 중 하나는 첨단 기술의 적용입니다. 수직 농업, 하이드로포닉스(물 재배), 아쿠아포닉스(양식과 식물 재배의 결합), 그리고 스마트팜 기술은 도시 내에서도 고 수익의 지속 가능한 농업을 가능하게 합니다. 이러한 기술들은 자연 자원을 효율적으로 사용할 수 있으며, 도시 온실가스 배출량을 줄이고, 신선한 농산물을 도시 소비자에게 직접 제공할 수 있게 합니다.

2) 생태적 지속 가능성

도시 농업은 생태계와의 조화를 중시합니다. 지속 가능한 농법은 도시의 생물 다양성을 보호하고, 환경 오염을 감소시키며, 물과 에너지 사용을 최적화합니다. 또한, 유기농업과 자연 친화적인 재배 방식은 토양의 건강을 유지하고, 화학 물질 사용을 최소화하여 도시 환경에 긍정적인 영향을 미칩니다.

3) 사회적 결속력 강화

도시 농업은 지역 사회 내에서 사회적 결속력을 강화하는 역할을 합니다. 공동체 정원, 학교 정원, 옥상 농업 등은 주민들에게 공동의 목표를 제공하며, 다양한 배경을 가진 사람들이 함께 일하고 학습하는 기회를 마련합니다. 이는 도시 사회의 연대감을 증진하고, 지역 내 식량 자급률을 높이는 동시에, 건강한 식습관과 환경에 대한 인식을 향상합니다.

4) 식량 안보 강화

도시 농업은 도시 식량 안보를 강화하는 중요한 수단입니다. 지역 내에서 식량을 생산함으로써 식품 수송에 따른 비용과 탄소 발자국을 줄이고, 식품 공급망의 안정성을 높일 수 있습니다. 이는 글로벌 식량 시장의 변동성에 대한 도시의 취약성을 감소시키며, 비상 상황에도 지속 가능한 식량 공급을 보장합니다.

미래 도시 농업은 도시 생활의 질을 향상하는 동시에, 지속 가능한 발전 목표를 달성하기 위한 전략적 접근 방식입니다. 기술 혁신과 생태적 지속 가능성을 바탕으로 도시 환경에서의 식량 생산과 소비 패턴을 재구성하고, 도시 사회에 긍정적인 변화를 가져올 것입니다.

UNIT 2. 실크로드와 무역을 통한 식재료의 유입과 영향

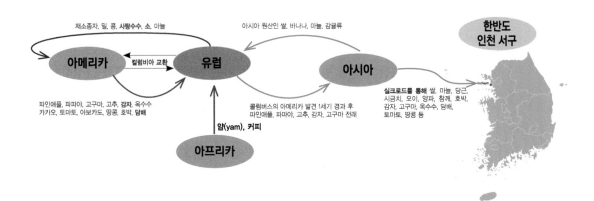

자연의 치유식탁

1. 실크로드를 통한 식재료 유입

1) 쌀(벼, 稻)

쌀의 한반도 유입은 주로 동남아시아 지역, 특히 인도와 중국 운남성에서 시작되었습니다. 이 지역의 쌀 품종과 재배 방식이 한반도에 도입되며, 한국 농업과 식문화에 깊은 변화를 가져 왔습니다. 쌀의 유입과 그에 따른 영향은 특히 인천 지역의 농업과 식문화에 중대한 변화를 가 져왔습니다. 쌀은 단순한 식량 그 이상의 의미를 가지며, 한국인의 생활과 문화에 깊이 뿌리내 린 작물입니다.

(1) 쌀의 기원과 유입

쌀은 인도와 중국 운남성을 중심으로 한 동남아시아에서 기원했습니다. 이 지역에서 재배되던 쌀이 기원전 1000년경 한반도로 전해진 것으로 추정됩니다. 한반도의 습한 기후와 비옥한 토양은 벼농사에 적합했으며, 이는 쌀이 주식으로 자리 잡는 데 결정적인 역할을 했습니다.

(2) 쌀과 한국 농업

쌀은 한반도에 정착한 후 농업의 중심으로 떠올랐습니다. 특히 물 관리와 관련된 농업 기술이 발달하자 벼농사가 잘됐으며, 이는 사회 구조와 경제에도 영향을 미쳤습니다. 쌀을 중심으로 한 농업 경제는 한반도의 정치, 사회, 문화에 깊은 영향을 끼쳤습니다.

(3) 쌀과 한국 문화의 교집합

쌀은 단순히 영양 공급원이 아니라 한국 문화와 정체성의 중요한 부분입니다. 전통적인 축제, 의례, 그리고 일상에서 쌀은 중요한 역할을 해왔습니다. 예를 들어, 설날과 추석에 떡을 만들고, 결혼식이나 제사에서 쌀을 사용하는 등, 쌀은 한국 문화의 핵심 요소 중 하나입니다.

(4) 인천 서구, 강화도, 김포 지역에서의 쌀

김포반도는 김포시와 인천 서구 검단 일대를 말하는 것으로 김포시는 경기도의 북서쪽에 있는 한강 하구에 위치하고 있으며, 인천 서구 검단은 바로 옆에 붙어있습니다. 인천 지역에서의 쌀 재배는 지역 경제와 식문화에 중요한 역할을 해왔습니다. 인천과 인접한 김포 평야는 풍부한 수자원과 비옥한 토양 덕분에 벼농사에 적합한 지역으로 알려져 있습니다. 이 지역에서 생산된 쌀은 품질이 높으며, 지역 식문화의 기반을 형성했습니다.

① 인천 서구 대곡동 지역의 쌀

■ 모내기의 시작과 품종 선택

- 인천시 서구 대곡동 농가에서는 논에 '진옥벼'를 심으며 다른 지역보다 모내기가 빠릅니다.
- '진옥벼'는 고품질의 조생종 쌀 품종으로, 내냉성과 도열병에 대한 저항성이 뛰어납니다. 이 품종은 수량성과 식미가 좋습니다.

■ **혁신적 농법의 적용**

• 대곡동 농가는 인천시에서 추진하는 비료절감형 벼 재배기술 시범사업인 '측조시비기 기술시범사업'에 참여하고 있습니다.

• 이 기술을 통해 시비 노동력을 79% 절감하고, 비료 이용률을 20% 개선하는 성과를 얻었습니다.

■ **기상 재해 대응 및 경제적 이점**

• 조기 재배를 통해 9월 이후 발생할 수 있는 태풍과 같은 기상 재해를 피할 수 있습니다.

• 또한 추석 전에 수확함으로써 햅쌀 시장을 선점할 수 있는 경제적 이점이 있습니다.

■ **지역 농업의 중요성 및 지원**

• 대곡동에서의 이러한 농업 활동은 지역 내 식량 안보에 중요한 기여를 하며, 도시화가 진행되는 상황에서도 지역 농업의 중요성을 강조합니다. 혁신적인 농법과 기술의 적용은 농업의 효율성을 높이고 지역 경제에 긍정적인 영향을 끼칩니다.

② 강화도 쌀

■ **강화도 섬쌀의 특성**

• 지리적 이점: 강화도는 섬 지역으로, 해양성 기후의 영향을 받습니다. 이러한 기후 조건은 쌀의 품질에 긍정적인 영향을 미칩니다. 특히 강화도는 청정 지역으로 알려져 있어, 환경적으로 건강한 쌀을 생산하기에 적합합니다.

• 쌀의 품질: 강화도에서 생산되는 쌀은 통상적으로 밥맛이 좋고, 알이 탄탄합니다. 이는 섬의 독특한 기후와 토양 조건 덕분입니다.

■ **재배 방식과 친환경 농법**

• 강화도의 많은 농가들은 친환경 농법으로 쌀을 재배합니다. 이는 쌀의 품질을 높이고, 소비자들에게 건강한 식품을 제공하는 데 기여합니다.

• 일부 농가에서는 유기농이나 무농약 재배 방식을 채택하여 환경 보호와 지속 가능한 농업을 실천하고 있습니다.

③ 강화도의 '진주미'

- 특징: '진주미'는 일반 백미와 다르게 쌀알에 불투명한 부분이 존재하며, 질감이 찹쌀과 유사합니다. 이 특성으로 인해, '진주미'만으로 밥을 지으면 찹쌀을 섞은 것처럼 차진 밥이 됩니다.
- 재배지역: 강화군 교동도는 공장이 없는 청정지역입니다. 이 지역의 자연환경은 '진주미'의 품질에 영향을 미칩니다.
- 사용: 이 쌀의 독특한 특징은 갓 지은 쌀밥의 풍부한 밥 향에 있습니다. 따뜻한 한끼 식사로 충분합니다.

④ 김포의 쌀

- 역사: 김포는 5000년 전부터 벼농사를 지어온 곡창지대로, 한강 유역을 중심으로 시작된 벼농사의 기원지 중 하나입니다.
- 토양과 환경: 김포는 비옥한 토양과 서해안을 낀 반도성 기후로 인한 적정 온도와 일교차가 벼 재배에 최적의 조건을 제공합니다.
- 김포금쌀: 1999년에 시작된 김포시의 대표 쌀 브랜드입니다. 이 쌀은 친환경 정책을 바탕으로 생산되며 여러 차례 우수 브랜드로 선정되었습니다.
- 친환경 재배: 김포시는 친환경 약제를 사용한 벼 재배를 확대하고 있으며, 항공 방제 등을 통해 품질 향상에 노력하고 있습니다.
- 품종: 주로 재배되는 품종은 추청(아키바레)과 고시히카리입니다. 이들은 쌀알의 투명도가 높고, 밥맛이 뛰어납니다.

이러한 쌀들은 인천 서구와 강화도, 김포 지역의 문화와 농업에 깊은 영향을 미치며, 지역의 식문화와 연결됩니다. 이러한 측면은 치유 농업과 결합하여 지역의 식문화 발전에 기여할 수 있습니다.

2) 마늘(호산, 胡蒜)

(1) 마늘의 기원과 역사

마늘의 기원은 중앙아시아 및 이집트로 추정됩니다. 2000년 전 알렉산더 대왕은 전투에 임하기 전에 병사들에게 마늘을 먹였다고 하며, 만리장성을 쌓는 인부들 또한 마늘을 먹으며 40도를 넘는 무더위를 견뎠다는 기록이 남아 있습니다. 고대 이집트에서는 마늘을 가치 있는 식재료로 여겼으며, 기원전 2500년경에 축조된 피라미드 벽면에 마늘이 그려진 것이 확인됩니다. 피라미드 건축에 참여한 노동자들에게 마늘이 공급되었다는 기록은 마늘이 단순한 식재료를 넘어 건강과 체력 유지를 위한 중요한 요소였음을 보여줍니다.

(2) 실크로드를 통한 전파

중앙아시아에서 발원한 마늘은 실크로드를 통해 광범위하게 전파되었습니다. 실크로드는 단순한 무역 경로가 아니라 문화, 종교, 기술 그리고 식재료 등 다양한 문명의 교류가 이루어진 장소였습니다. 이 경로를 통해 마늘이 동아시아, 특히 한반도에 전해졌습니다.

(3) 한국에서의 마늘

마늘은 고려시대 이전에 한반도에 도입되어 일반적인 식재료로 사용되었습니다. 한국 전통 요리에서 마늘은 그 독특한 맛과 향으로 음식의 맛을 한층 더 풍부하게 만들었습니다. 또한 마늘은 약용으로도 사용되었으며, 면역력 증진과 피로 회복에 효과가 있다고 여겨졌습니다.

(4) 보양식과 마늘

마늘은 한국에서 보양식의 주요 재료로 사용되었습니다. 특히 삼계탕, 마늘장아찌 등의 전통 요리에 사용되며, 그 건강상의 이점이 강조되었습니다.

3) 당근(호나복, 胡蘿蔔)

당근의 재배 역사는 2000년 이상으로 거슬러 올라가며, 아프가니스탄이 원산지인 당근은 당나라 시대에 한반도로 전파되었습니다. 당근이라는 명칭의 유래는 당(唐)나라에서 전파되었기 때문에 당근이라 하고, '빨간 당나라 무'라는 뜻에서 홍당무라고도 불렸습니다. 당근은 전통 한국 요리에 색감과 영양을 더하는 중요한 역할을 합니다.

(1) 역사와 원산지

- 당근의 재배 역사는 2000년 이상으로 거슬러 올라갑니다.
- 원산지는 아프가니스탄으로 알려져 있으며, 당근은 이 지역에서 다양한 형태와 색상으로 자라났습니다.

(2) 실크로드를 통한 유입

- 당근은 실크로드를 통해 중국과 한반도로 전파되었습니다.
- 한국에는 당나라 시대에 도입되었으며, '당근'이라는 이름도 이때 유래되었습니다. '당(唐)'에서 온 '근(蔔)'이라는 뜻으로, 당나라와의 연결을 나타냅니다.
- '홍당무'라는 명칭도 사용되었는데, 이는 '빨간 당나라 무'라는 의미입니다.

(3) 한국 요리에서의 중요성

- 한국에서는 당근이 전통 요리에 중요한 요소로 자리 잡았습니다.
- 색감과 영양을 더하는 식재료로, 다양한 요리에서 눈과 입을 즐겁게 하는 역할을 합니다.

(4) 건강 효능

- 당근은 베타카로틴이 풍부하여 시력 개선, 항암 효과, 심장 건강 증진, 면역력 강화, 피부 건강 개선 등 다양한 건강상 이점을 제공합니다.

(5) 색상과 품종

- 당근은 일반적으로 오렌지색이지만, 보라색, 노란색, 흰색, 검은색 등 다양한 색상의 품종
  이 존재합니다.
- 중세 시대까지는 주로 보라색 당근이 재배되었습니다.

당근의 이러한 역사와 특성은 세계 각지의 식문화와 건강에 중요한 영향을 끼쳐왔습니다. 아프가니스탄에서 시작하여 실크로드를 거쳐 한국에 이르기까지의 여정은 당근이 세계적으로 어떻게 확산되었는지를 보여주는 흥미로운 이야기입니다.

4) 시금치

시금치는 페르시아에서 시작되어 15세기경 한반도에 도입되었습니다. 시금치는 채소의 왕으로 불립니다. 미국 인기 애니메이션 '뽀빠이'를 통해 친숙해진 시금치는 페르시아에서 아라비아와 지중해 연안을 거쳐 유럽으로 퍼졌고, 1494년 콜럼버스에 의해 신대륙에 전해졌으며, 우리나라에는 15세기 조선 초기 무렵 중국에서 들어왔습니다.

(1) 시금치의 기원과 확산

- 시금치는 원래 페르시아(현재의 이란) 작물이었습니다.
- 시금치는 페르시아에서 아라비아를 거쳐 지중해 연안을 통해 유럽으로 퍼져 나갔습니다.
  이는 무역 루트를 통한 전파와 각 지역의 적응력이 높은 특성 때문이었습니다.
- 15세기경에 중국을 통해 한반도에 도입되었습니다. 이는 아시아로의 확산 과정에서 중요
  한 이정표입니다.

(2) 시금치의 문화적 영향

- 미국 만화 '뽀빠이(1929)'에서 시금치는 주
  인공의 힘의 원천으로 묘사되며, 이를 통
  해 전 세계적으로 시금치가 강력한 영양소
  를 가진 채소로 인식되었습니다.
- 시금치는 풍부한 영양소로 인해 '채소의
  왕'이라는 별명을 얻었습니다.

(3) 영양학적 가치

- 시금치는 비타민 A, C, K, 철분, 칼슘 등 다양한 영양소를 함유하고 있어 건강에 매우 유익합니다.

- 특히 눈 건강과 뼈 건강, 심혈관 건강에 효과가 있으며, 철분이 풍부하여 빈혈 예방에도 도움을 줍니다.

시금치의 이러한 역사와 영양학적 가치는 전 세계적으로 인정받으며, 다양한 요리와 식단에 중요한 역할을 하고 있습니다. 페르시아에서 시작해 유럽, 아시아 등 세계 곳곳으로 퍼져나간 시금치의 여정은 그 자체로도 매력적인 식문화의 역사를 담고 있습니다.

5) 오이(호과, 胡瓜)

오이는 그 자체로 흥미로운 역사와 특성을 가진 채소입니다. 토양 수분이 많아야 잘 자라는 오이는 인도와 남아시아가 원산지이며, 고려시대에 한반도에 전해진 것으로 추정됩니다.

(1) 원산지와 초기 전파

- 오이의 원산지는 인도와 남아시아로, 이 지역의 온난하고 습한 기후는 오이 재배에 적합합니다.

- 오이는 수분이 풍부한 토양에서 잘 자라며, 이러한 특성은 원산지의 기후와 밀접한 관련이 있습니다.

(2) 한반도로 도입

- 오이는 고려 시대(918~1392년)에 한반도로 전해진 것으로 추정됩니다. 이는 고려와 인도 및 중앙아시아 간의 교역 루트를 통해 이루어졌을 가능성이 높습니다.

- 한반도에 도입된 후, 오이는 한국 전통 요리에 중요한 재료로 자리 잡았습니다.

(3) 문화적 영향

- 오이는 전 세계에서 다양한 요리에 사용되며, 특히 아시아 요리에서는 그 맛과 식감이 중요한 역할을 합니다.
- 한국에서는 오이를 사용한 여러 전통 요리가 있으며, 특히 여름철 시원한 오이 냉국은 인기 있는 음식입니다.

(4) 영양학적 가치

- 오이는 낮은 칼로리와 함께 비타민 K, 비타민 C, 마그네슘, 칼륨, 망간 등의 영양소를 함유하고 있습니다.
- 수분 함량이 높아 수분 보충에도 좋으며, 소화를 돕는 섬유질도 풍부합니다.

오이의 이러한 역사와 특성은 전 세계적으로 다양한 문화와 요리에 영향을 미쳤으며, 건강에 유익한 영양소를 제공하는 중요한 식재료로 인식되고 있습니다. 인도와 남아시아에서 시작하여 고려 시대 한반도에 이르기까지의 오이의 여정은 교역과 문화 교류의 중요한 사례입니다.

6) 양파

고대 이집트와 페르시아에서 시작된 양파는 힘과 영원한 생명의 상징으로 여겨졌으며, 이집트의 왕들의 무덤과 피라미드에도 양파가 새겨져 문화적, 상징적으로 중요한 채소로 인식되었습니다. 양파는 세계적으로 사랑받는 채소이며, 그 역사와 문화적 의미는 매우 흥미롭습니다.

(1) 역사적 기원

- 양파는 고대 이집트와 페르시아에서 재배가 시작되었습니다.
- 이집트에서 양파는 힘과 영원한 생명의

상징으로 여겨졌습니다. 고대 이집트인들은 양파를 먹으면 힘이 생긴다고 믿었습니다.

⑵ 고대 이집트와의 연관성

- 양파는 고대 이집트의 무덤에서 발견되기도 했습니다. 특히 기원전 14세기 투탕카멘왕과 기원전 12세기 람세스 4세의 무덤에서 양파 화석이 발견되었습니다.
- 이집트의 피라미드 내부에 양파 그림으로 장식된 경우도 있으며, 이는 양파가 가진 상징적 의미를 반영합니다.

⑶ 문화적 상징성

- 양파 껍질이 계속 벗겨져 나오는 특성은 영원한 생명의 힘을 상징한다고 여겼습니다.

⑷ 현대적 중요성

- 양파는 요리에 맛과 향을 더하는 핵심적인 재료로, 현재 전 세계적으로 중요한 식재료입니다.
- 한국에서도 양파는 다양한 요리에 사용되며, 그 맛과 향은 한국 음식의 중요한 부분을 차지합니다.

⑸ 영양학적 가치

- 양파는 비타민 C, 비타민 B_6, 망간, 구리 등의 영양소를 함유하고 있습니다.
- 항산화 물질과 항염증 특성이 있어 건강 증진에 기여합니다.

이렇게 양파는 그 역사적 배경과 문화적 의미, 그리고 현대 요리에서의 중요성으로 인해 전 세계 많은 사람들에게 사랑받는 식재료입니다. 고대 이집트에서 시작된 양파의 역사는 오늘날까지 이어지며, 건강과 맛 모두를 제공하는 독특한 채소로 인식되고 있습니다.

7) 참깨(호마, 胡麻)

참깨는 그 유입과 영향에 관하여 흥미로운 역사가 있습니다. 참깨의 원산지는 아프리카 혹은 인도로 추정되며, 고대 문명들 간의 무역과 문화 교류를 통해 널리 퍼졌습니다.

⑴ 참깨의 유입

참깨는 페르시아 상인들을 통해 중국으로 전파되었고, 이후 한반도로 전해졌습니다. 이

는 실크로드와 같은 무역 경로를 통한 것으로 추정됩니다. 고려 시대에 한반도에 도입된 이후, 참깨는 다양한 요리에 사용되었으며, 특히 참기름 제조에 중요한 역할을 했습니다.

(2) 참깨의 영향

참깨의 도입은 한국 요리에 새로운 맛과 향을 추가했습니다. 참기름은 그 특유의 고소한 맛과 향으로 한국 음식의 맛을 한층 끌어올리는 역할을 했으며, 오늘날에도 김치, 무침, 찌개 등 다양한 요리에 사용되고 있습니다.

(3) 문화적 의미

참깨의 유입은 단순히 새로운 식재료의 도입을 넘어서, 동서 문명 간의 교류와 상호 작용의 결과로 볼 수 있습니다. '호마(胡麻)'라는 명칭은 페르시아(胡)를 통한 문화적 영향을 나타냅니다. 이는 실크로드와 같은 무역 경로를 통한 문화 교류의 중요성을 보여줍니다.

(4) 인천 지역에서의 참깨

인천 지역을 포함한 한반도의 농업과 식문화에 참깨는 다양한 맛과 풍미를 추가했습니다. 인천과 김포 지역에서도 참깨 재배가 이루어졌으며, 이는 지역 특색을 살린 요리의 발달에 기여했습니다.

참깨는 한반도, 특히 인천 지역의 농업과 식문화에 중요한 영향을 미쳤으며, 이는 동서 문명 간의 교류와 상호 작용의 결과로 볼 수 있습니다. 참깨의 유입은 다양한 요리와 맛의 발전을 가져왔으며, 이는 오늘날까지도 지속되고 있는 중요한 문화적 유산입니다.

2. 페르시아 문화의 영향을 상징하는 글자로 '호(胡)'의 문화적 의미

인천의 농업과 식문화에 대해 살펴볼 때, '호(胡)'의 개념은 중요한 역할을 합니다. 이 한자는 고대 중국에서 외국 문화, 특히 페르시아 문화의 영향을 상징하는 글자로, 한반도에 도입된 식 재료와 문화적 요소들을 통해 동서 문명의 교류와 상호 작용을 나타냅니다.

1) '호(胡)'의 문화적 상징성

'호' 자가 들어간 식재료와 음식들은 동서 문명 교류의 산물이며, 한국 전통음식에 깊이 뿌리 내렸습니다. 예를 들어, '호산(胡蒜, 마늘)', '호과(胡瓜, 오이)', '호마(胡麻, 참깨)', '호총(胡蔥, 양파)' 등은 모두 실크로드를 통해 한반도로 들어온 외래 식재료들입니다.

이러한 식재료들은 인천을 비롯한 한반도의 농업과 식문화에 다양성과 풍부함을 가져왔습니다.

2) 중국 당나라와의 문화적 교류

중국 당나라 시대의 장안은 동서 문명 교류의 핵심지였습니다. 이 시대에 중국에서는 페르 시아풍의 새로운 문화와 트렌드를 '호풍(胡風)'이라 불렀고, 이는 한반도의 식문화에도 큰 영향 을 미쳤습니다. 당나라의 문화적 열풍은 한반도, 특히 인천 지역의 농업과 식재료에 새로운 변 화를 가져왔으며, 이는 오늘날까지도 지속되고 있습니다.

3) 인천 지역의 농업 및 식문화에 미친 영향

'호(胡)'의 개념을 통해 볼 때, 인천 지역의 농업과 식문화는 국제적인 교류의 결과물입니다.

외래 식재료의 도입은 인천 지역의 농업 방식과 식문화에 새로운 요소를 추가하며 다양성을 부여했습니다. 이러한 문화적 교류는 지역의 농업 발전과 식문화의 혁신에 크게 기여했습니다.

'호(胡)'의 개념은 인천 지역 농업과 식문화에 대한 이해를 넓히는 데 중요한 역할을 합니다. 이는 동서 문명의 교류가 현대의 인천 지역에 어떻게 영향을 미쳤는지를 보여주며, 지역 농업과 식문화의 다양성과 풍부함의 근원을 설명해 줍니다.

UNIT 3. 전쟁을 통한 식재료의 유입과 영향

1. 고추 (왜초, 倭椒)

고추의 한반도 유입과 그 영향은 매우 흥미롭고 중요한 역사적 사건입니다.

1) 원산지와 유입

- 고추의 원산지는 멕시코와 남미입니다.
- 16세기 말, 임진왜란(1592~1598년)을 통해 일본에서 한반도로 전해졌습니다. 이 때문에 초기에 '왜초'라 불렸으며, 이는 일본을 통한 전파를 의미합니다.

2) 한반도에서의 확산

- 한반도에서 고추는 17세기 초부터 재배하기 시작했습니다.
- 처음에는 약용으로 사용되었으나, 점차 식용으로 널리 확산되었습니다.
- 18세기 들어서면서 고추는 김치의 주요 양념으로 사용되기 시작했고, 이는 김치의 맛과 색상에 혁명적인 변화를 가져왔습니다.

3) 한국 요리문화에 미친 영향

- 고추의 도입은 한국 요리문화에 큰 변화를 가져왔습니다. 고추의 매운맛은 김치뿐만 아니라 찌개, 볶음, 양념 등 다양한 요리에 활용되며 한국 전통 음식의 맛을 혁신했습니다.
- 인천 지역과 인접한 경기도 김포 지역에서도 고추 재배가 활발하게 이루어졌으며, 이를 통해 지역 특색을 살린 다양한 요리가 개발되었습니다.

고추의 도입과 확산은 단순한 식재료의 전파를 넘어 한국의 식문화와 농업에 큰 변화를 가져왔으며, 특히 김치와 같은 전통적인 요리에 새로운 맛과 색을 부여하는 중요한 역할을 했습니다.

2. 호박

호박의 유입과 그에 따른 영향은 한국의 식문화에 특별한 변화를 가져왔습니다. 호박은 원래 미국 남서부와 멕시코가 원산지로, 이 지역의 원주민들이 오랫동안 재배해 왔습니다. 호박의 한반도 유입은 17세기 중반의 역사적 사건, 특히 병자호란(1636년)과 관련이 있습니다.

1) 호박의 유입

17세기 병자호란 이후, 중국을 통해 한반도에 호박이 도입되었습니다. 이는 중국과의 무역 및 전쟁을 통한 문화적 교류의 결과로 볼 수 있습니다. 당시 중국과의 교류가 활발하여 여러 식재료가 중국을 통해 한반도에 전해졌는데, 호박도 그중 하나였습니다.

2) 호박의 영향

한반도에 들어온 호박은 다양한 한국 전통 요리에 사용되어, 그 맛과 영양을 한층 끌어올렸습니다. 호박은 특히 여름철 보양식으로 인기가 많으며, 호박죽, 호박전, 호박국 등 다양한 요리에 활용됩니다.

3) 인천 지역에서의 호박

호박은 인천 지역을 포함한 한반도의 농업에 중요한 작물 중 하나로 자리 잡았습니다. 인천과 인접한 지역에서 호박의 재배는 지역 식문화의 다양화에 기여했으며, 지역 특색을 살린 다양한 요리에 사용되었습니다.

특히, 농부 김금숙 씨와 영농회장 이남수 대표가 땅콩호박을 인천 서구에서 최초로 재배한 사례가 있습니다. 땅콩호박은 영양성분이 풍부하고, 특유의 단맛과 부드러운 식감으로 인기를 끌고 있습니다. 또한, 1년 이상 썩지 않고 보관이 용이하다는 특성이 있습니다. 이 땅콩호박은 농가 맛집 '단풍나무집'에서 오리주물럭에 사용되며, 검단 로컬푸드에서도 판매되고 있습니다.

인천은 자이언트 호박이 최초로 재배된 곳이기도 합니다. 농가 맛집 '단풍나무집'에서는 매년 10월부터 이듬해 봄까지 자이언트 호박을 전시하여 이국적인 풍경을 제공합니다. 이 기간에 방문객들은 자이언트 호박을 배경으로 사진을 찍으며, 농가의 감성을 느낄 수 있는 체험을 할 수 있습니다. 이러한 사례들은 호박의 도입이 단순히 새로운 식재료의 도입을 넘어서, 국제적인 문화적 교류와 상호 작용의 결과로 인천 지역의 농업과 식문화 발전에 중요한 역할을 했음을 보여줍니다.

UNIT 4. 우리나라가 원산지인 농산물

1. 콩

우리나라에서 콩을 재배한 역사는 매우 오래되었습니다. 인천 서구 검단 대곡동에서도 콩을 많이 재배하고 있습니다.

1) 콩의 역사와 중요성

- 한반도에서는 약 5000년 전부터 콩 재배가 시작되었습니다. 이는 한반도와 만주 남부가 콩의 원산지임을 보여줍니다.
- 고조선 시대부터 밭농사가 시작되었으며, 북한의 회령 오동 유적지에서 청동기 시대 유물과 함께 콩이 발견되었습니다.

자연의 지유식탁

2) 한국의 콩과 식문화

- 한반도에서는 5000년 전부터 콩 덕분에 단백질 결핍에 시달리지 않고, 정착하여 살 수 있었습니다. 이는 콩이 육류 식량의 부족을 대체하며, 유목민족이 되지 않고 정착하는 데 중요한 역할을 했습니다.
- 한국에서는 콩의 다양한 가공 방식이 발달했는데 이 중 '장'과 같은 발효 식품이 대표적입니다. 두부는 고려 말기부터 만들어 먹었으며, 장수 식품으로 여겨져 왔습니다.

3) 콩의 다양성과 현대적 가치

- 한반도 곳곳에서는 여전히 다양한 야생콩과 재래종 콩이 자생하고 있습니다. 대표적으로 대두, 서리태, 쥐눈이콩 등이 있습니다.
- 또한 갈색 아주까리, 밤콩, 선비잡이, 수박태, 아주까리, 오리알태, 우렁콩, 호랑무늬콩 등 희귀한 콩 토종 자원이 풍부해 무궁무진한 가능성이 있습니다.

콩은 한국의 농업과 식문화에 있어 중요한 위치를 차지하며, 한반도에서의 장수와 건강한 생활에 중대한 기여를 하고 있습니다. 이러한 콩의 역사와 가치는 한국인에게 콩에 대한 깊은 자긍심을 갖게 합니다.

UNIT 5. 식량자원으로 사용되는 농산물

감자, 고구마, 옥수수는 세계 식량재배에서 중요한 역할을 하는 농산물입니다. 물론 인천 서구 검단과 대곡동, 김포, 강화에서도 많이 재배하고 있습니다.

1. 감자

감자는 단순한 뿌리채소가 아닙니다. 남아메리카의 안데스에서 시작된 이 작은 뿌리는 전 세계를 여행하며 각 지역의 식문화와 역사에 깊은 발자국을 남겼습니다. 심지어 한국의 인천 서구 대곡동에서도 감자 재배가 활발하게 이루어지고 있죠. 이렇게 작은 지역부터 세계적 규모에 이르기까지 감자는 인류의 식량 안보와 영양 공급에 있어 중심축 역할을 합니다.

1) 감자 역사와 중요성

- 감자는 원래 남아메리카의 안데스 지역에서 시작되었습니다. 16세기에 스페인 정복자들에 의해 유럽으로 전파된 후, 전 세계로 확산했습니다. 이 과정에서 감자는 각 지역의 식문화에 큰 영향을 끼쳤습니다.

2) 식량재배의 중요성

- 감자는 다양한 기후와 토양 조건에서 재배할 수 있어 식량 안보에 중요한 역할을 합니다.
- 탄수화물 함량이 높고 비타민 C, B$_6$, 칼륨, 마그네슘 등의 영양소를 함유하고 있어, 기초 식량자원으로서 영양가가 뛰어납니다.

3) 전 세계적 중요성

- 감자는 전 세계적으로 소비되며, 각 나라의 전통 음식과 현대 요리에 널리 적용되고 있습니다. 이는 감자가 각 지역의 문화에 얼마나 깊이 통합되어 있는지를 보여줍니다.

4) 기타 특성

- 감자는 저장이 용이하고, 수확량이 많아 식량위기에 대비한 안정적인 식량원으로 인식됩니다.
- 기후 변화에 대한 적응력이 강해, 지속 가능한 농업과 식량 보안의 중요한 부분을 차지하고 있습니다.

이처럼 감자는 전 세계 식량 재배와 식문화에서 핵심적인 역할을 하며, 그 중요성은 계속해서 증가하고 있습니다.

5) 한국에서의 감자

- 강원도: 감자는 한국에서 주로 강원도 지역에서 재배되었습니다. 이 지역의 산간 지형과 시원한 기후가 감자 재배에 적합했기 때문입니다.
- 인천 서구 대곡동: 인천 서구 대곡동에서 재배되는 감자 한 알에서부터 전 세계를 누비는 감자까지, 이 작은 뿌리는 우리의 식탁을 넘어 우리 삶의 일부가 되었습니다.

2. 고구마

고구마는 전 세계 식량 재배와 식문화에서 중요한 역할을 하며, 한국에서는 인천 서구 대곡동, 김포, 강화도와 같은 지역에서 잘 자라는 노란 고구마가 인기가 높습니다. 고구마는 각 지역의 식문화에 맞게 다양하게 변형되어 소비되고 있으며, 그 중요성은 계속해서 증가하고 있습니다.

1) 원산지와 전파

- 고구마는 남아메리카가 원산지이며, 유럽을 거쳐 아시아에 전파되었습니다.

2) 식량재배의 중요성

- 재배 환경: 고구마는 다양한 기후 조건에서 잘 자라며, 특히 열대 및 아열대 지역에서 재배가 용이합니다.
- 영양가: 비타민 A, C, B군과 섬유질, 항산화 물질을 풍부하게 함유하고 있습니다.
- 식량 안보: 기아와 영양 부족 문제 해결에 기여하며, 지속 가능한 식량원으로 인식됩니다.

3) 전 세계적 중요성

- 소비: 전 세계적으로 널리 소비되며, 다양한 요리에 활용됩니다.
- 문화적 통합: 각 나라의 전통 음식과 현대 요리에 널리 적용되며, 특히 아시아, 아프리카, 라틴 아메리카에서 중요한 식재료입니다.

4) 기타 특성

- 저장과 수확: 고구마는 저장이 용이하며, 수확량이 많아 식량 위기에 대비한 안정적인 식량원으로 활용됩니다.
- 건강에 좋은 식품: 다양한 건강상의 이점을 제공합니다.

5) 한국 고구마

- 지역: 전라도 해남의 호박고구마가 유명하며, 인천 서구 대곡동, 김포, 강화도에서도 많이 재배합니다. 특히, 대곡동 마사토에서 재배한 고구마가 로컬 푸드에서 인기 있는 품목입니다.
- 한국의 고구마 요리: 고구마는 한국에서 고구마맛탕, 고구마죽, 고구마찜 등 다양한 요리에 사용됩니다.

3. 옥수수

옥수수는 전 세계적으로 재배되는 중요한 식량 작물로, 그 기원은 멕시코에서 시작된 것으로 추측합니다. 다양한 용도와 영양적 가치로 인해, 옥수수는 많은 문화와 지역에서 중요한 역할을 합니다. 옥수수의 주요 특징과 중요성은 다음과 같습니다.

1) 원산지와 전파

- 옥수수는 중앙아메리카가 원산지로, 신대륙 발견 후 유럽을 거쳐 아시아에 전파되었습니다.
- 초기 형태의 옥수수는 오늘날 우리가 보는 것과는 매우 달랐을 것으로 추정됩니다.

2) 식량재배의 중요성과 영양가

- 옥수수는 고영양가이며, 다양한 기후와 토양 조건에서 재배할 수 있어 식량 안보에 크게 기여합니다. 특히 탄수화물, 단백질, 비타민, 미네랄이 풍부하여 기초 식량자원으로 중요한 역할을 합니다.
- 옥수수는 탄수화물의 좋은 공급원이며, 섬유질, 비타민 B, 마그네슘, 그리고 항산화제를 함유하고 있습니다. 특히, 노란 옥수수는 루테인과 제아잔틴 같은 중요한 카로티노이드를 함유하고 있어, 시력 건강에 유익합니다.

3) 식물학적 분류

- 옥수수는 'Zea mays'라는 학명을 가진 볏과에 속하는 식물입니다. 일년생 풀로, 높이가 2미터 이상 자라기도 합니다.

4) 용도

- 옥수수는 식용뿐만 아니라 사료, 바이오연료, 전분, 과자류 등 다양한 용도로 사용됩니다. 또한, 옥수수 기름과 옥수수 시럽도 중요한 부산물입니다.

5) 재배 방법

- 옥수수는 일반적으로 햇빛이 풍부하고 배수가 잘되는 토양에서 잘 자랍니다. 옥수수의 재배는 파종, 성장, 수분 관리, 병해충 관리, 수확의 단계로 이루어집니다.

6) 지속 가능성과 도전

- 현대 농업에서 옥수수의 대규모 단일 재배는 토양 고갈, 병해충 문제, 그리고 환경적 영향과 같은 여러 도전에 직면해 있습니다. 지속 가능한 농법과 유전자 다양성의 보존이 중요한 이슈가 되고 있습니다.

이와 같이, 인천 지역의 농업과 농산물은 시대를 거치며 여러 외부 영향을 받아 발전해왔습니다.

이러한 역사적 배경을 통해, 인천과 인접한 경기도 김포 지역과 함께 인천 서구의 농업은 전통적인 방법과 현대 기술이 조화를 이루며 발전해 왔으며, 지역 특성을 살린 농산물 생산에 중점을 두고 있음을 알 수 있습니다. 특히, 실크로드를 통해 들어온 다양한 식재료들은 지역 농업과 식문화에 큰 변화를 가져왔으며, 이는 인천 서구와 김포 지역의 농업 발전에도 중요한 역할을 했습니다.

이러한 역사적 고찰을 통해 인천 지역 농업의 역사적 중요성과 미래 발전 가능성을 더욱 명확하게 이해할 수 있습니다.

전통 농법과
현대 농업 기술의 조화

농업의 진화는 인간의 지혜와 자연의 선물 사이에서 균형을 찾는 여정입니다. 인천 서구의 농업은 전통적인 방법들을 현대적 혁신과 결합하여 균형을 모색하고 적용하기 위해 다양한 시도를 하고 있습니다.

우리의 목표는 다양성을 존중하며 건강한 먹거리를 제공하는 것입니다. 이를 위해, 우리는 다음과 같은 방식으로 농업을 실천하고 있습니다.

1. 전통의 지속성(Traditional Continuity)

전통농업(Traditional Agriculture)은 선조로부터 이어져 온 농법을 기반으로 합니다. 이는 자연과 조화를 이루는 저투입, 내부순환형 농업으로, 생태계와 토양의 지속 가능한 관리를 강조합니다.

2. 유기적 혁신(Organic Innovation)

유기농업(Organic Agriculture)은 전통에 현대적 이해를 더하여 화학물질 사용을 배제하고, 토양의 자연적 생산력을 증진합니다. 월터 제임스(Walter Ernest Christopher James)가 제시한 이 방식은 경지정리와 관개(Irrigation)를 통해 변모할 수 있는 유연성을 지닙니다.

3. 자연과의 동행(Nature's Partnership)

자연농업(Natural Agriculture)은 후쿠오카 마사노부(福岡正信)가 제안한 자연농법(Natural Farming)을 통해 인공적 개입을 최소화하고 자연의 리듬에 맞춰 농사를 짓습니다. 이는 4무농법(四無農法)의 철학을 실천하여 비료, 농약, 제초, 경운 없이 자연 그대로의 활동을 이용합니다.

4. 미래 지향적 실천(Future-Oriented Practices)

현대농업(Modern Agriculture)의 생산성 중심 접근법과 녹색혁명(Green Revolution)의 기술들은 환경에 대한 책임감을 갖고 적용해야 합니다. 화학 비료 대신 자연적으로 분해되는 멀칭 필름과 식물 기반 농약 대체제의 사용은 이러한 책임 있는 현대 농업의 사례입니다.

우리는 전통과 현대 기술이 조화를 이루며 미래의 지속 가능한 농업을 향해 나아가고 있습니다. 이러한 농업 실천은 인천 서구의 특색 있는 농산물을 재배하고 보존하는 데 중요한 역할을 하며, 농업의 상업화와 생태계 파괴라는 현대 농업의 한계를 극복하는 데 초점을 맞춥니다. 이를 통해 농업이 자연의 리듬에 조화롭게 적응하고, 지역사회에 건강한 먹거리를 제공하며, 농업의 미래를 밝게 하는 데 기여하고자 합니다.

농부의 손길, 자연의 선물

지속 가능한 재배:
계절과 환경을 고려한 방법

인천 서구 대곡동의 흙먼지를 털며, 김금숙 씨와 영농회장 이남수 회장은 현대 농업의 가장 따뜻하고 친환경적인 얼굴을 보여줍니다. 계절의 변화를 세심하게 살피며, 그들의 농작물은 지역사회에서 싱싱함의 대명사가 되었습니다.

검단농협 로컬푸드 직매장에 정성스럽게 포장된 그들의 농산물은 소비자들로부터 높은 인기를 끌고 있습니다. 탄소 발자국을 줄이는 로컬푸드 운동의 선봉에 서 있는 이들의 작물은, 신선도와 환경에 대한 책임감을 동시에 만족시킵니다.

대곡동 인근 농가에서 재배되어 직매장까지 단 2.3km, 차로 7분 거리를 달려온 과일들과 마전동 농가에서 오직 3km를 여행한 채소들은, 로컬푸드의 진정한 가치를 고스란히 전달합니다. 이는 멀리 뉴질랜드에서 온 키위와 비교할 때 탄소 배출량이 무려 4200배가 적으며, 지역 농산물의 환경적 우위를 명확히 드러냅니다.

왕길역 앞에 위치한 단풍나무 집은 김금숙 씨의 막내아들이 운영하는 농촌 맛집으로, 직접 농사지은 신선한 재료를 이용해 지역민들에게 건강한 식사를 제공합니다. 이 가족이 운영하는 매장과 식당은 환경 보호와 건강한 식생활의 중요성을 일깨우며, 지역 경제에 활력을 불어넣고 있습니다.

이들의 농업 실천은 지속 가능한 재배의 진수를 보여줍니다. 계절과 환경을 고려한 재배 방법은 단순히 농산물을 재배하는 기술을 넘어, 생태계와 인간이 조화롭게 공존할 수 있는 미래 지향적인 방향을 제시합니다. 김금숙 씨와 이남수 회장의 노력은 식탁에서 시작하여 지구의 미래를 바꾸는 중대한 발걸음이 됩니다. 이렇듯, 인천 서구 대곡동에서 시작된 지속 가능한 농업의 이야기는 우리 모두에게 영감을 주며, 농업이 지역사회와 환경에 어떻게 긍정적인 영향을 미칠 수 있는지를 보여줍니다.

인천 서구의 특색 있는
농산물과 그 가치

인천 서구의 농업은 그 지역 특유의 '풍토'와 밀접하게 연결되어 있습니다. 이 연결고리는 검단농협 로컬푸드 직매장에서 선보이는 다양한 농산물을 통해 뚜렷하게 드러납니다.

특히 김금숙 씨가 운영하는 농산물 코너는 이 직매장의 하이라이트입니다. 여기서 판매되는 농산물은 안전성과 환경친화적인 생산 방식을 보장합니다.

김금숙 씨의 농산물은 개별 포장되어 신선함과 위생을 유지합니다. 소비자들은 진열대에 부착된 김금숙 농가의 상세 정보를 보며 농산물의 출처와 품질을 신뢰할 수 있습니다. 이러한 투명한 정보 제공은 소비자들이 농산물을 믿고 구매할 수 있는 환경을 조성합니다.

이곳 직매장에서는 계절에 맞추어 다양한 농산물을 판매합니다. 4월에는 부지깽이 나물, 쑥, 두릅, 가죽나무 순과 같은 봄철 대표 식재료를 선보입니다. 5월의 토마토, 6월의 감자, 7월의 오이와 고추, 8월의 호박과 옥수수, 가을철의 단호박과 노각, 겨울의 배, 사과, 케일 등은 각 계절의 정수를 담고 있습니다. 이 농산물들은 최적의 시기에 수확되어, 소비자들에게 최상의 맛과 영양을 제공합니다.

김금숙 씨의 농산물과 검단농협 로컬푸드 직매장의 헌신은 인천 서구의 식문화와 지역 경제에 중요한 영향을 미치며, 지역 농업의 지속 가능한 발전에 기여합니다. 농산물의 품질과 환경 친화적인 생산 방식은 지역사회에 건강한 식생활을 제공하고, 지역 농업의 가치를 높입니다. 이러한 농산물은 지역 농업의 미래와 지속 가능성을 상징하며, 인천 서구의 '풍토'가 선사하는 선물입니다.

자연의 치유식탁

PART 2

도시 농업과 슬로푸드-
맛의 결정적 지식을 통한 지속 가능한 미래

도시 농업과 슬로푸드의 결합은 우리 삶에 지속 가능한 변화를 가져옵니다. Part 2는 도시 농업이 슬로푸드의 원칙을 어떻게 실천하는지 탐구하며 시작합니다. 인천 검단, 김포, 강화도의 새로운 식재료를 통해 건강한 요리법과 지속 가능한 미래를 모색합니다.

첫 번째 장에서는 도시 농업이 슬로푸드 운동을 어떻게 실천하는지 살펴봅니다. 작은 텃밭에서 큰 농장에 이르기까지, 도시 농업은 다양성과 신선함을 우리 식탁에 가져다 줍니다.
두 번째 장은 맛의 결정적 지식을 탐구하며, 이를 통해 식재료와 조리법에 대한 깊은 이해를 제공합니다.

세 번째 장은 인천 검단, 김포, 강화도의 신규 식재료를 탐색하고, 식문화를 풍요롭게 합니다.
마지막 장에서는 건강과 환경을 고려한 지속 가능한 요리법을 소개합니다.

Part 2는 도시 농업과 슬로푸드가 맛의 결정적 지식을 통해 어떻게 우리의 삶과 미래를 변화시킬 수 있는지를 탐색하며, 건강하고 지속 가능한 생활 방식으로의 전환을 제안합니다.

Creating the Taste of Tomorrow

"자연의 속삭임, 치유의 손길: 농업을 통한 마음과 몸의 회복"

도시 농업을 통한
슬로푸드의 실천

UNIT 1. 슬로푸드

슬로푸드 운동은 지속 가능한 농업, 생물 다양성 보호, 전통 식문화 유지 등의 가치를 전파하는 글로벌 운동입니다. 이는 인간의 깊은 요구에 응답하며, 식탁을 중심으로 한 사회적 융화와 문화 다양성 증진을 목표로 합니다. 부천대학교 호텔외식조리학과 이종필 교수는 슬로푸드 운동의 기원과 철학을 재조명하며, 이를 인천 서구, 김포, 강화도의 도시농업과 어떻게 통합할 수 있는지 탐구하고, 도시농업에서 슬로푸드의 식재료 보존과 활용 가치에 대한 새로운 대안을 모색하고 제안하고자 합니다.

1. 슬로푸드의 기원과 철학

1) 기원과 발전

슬로푸드 운동은 1980년대 말 이탈리아에서 시작되었습니다. 1986년 이탈리아에서 폴코 포르티나리(Folco Portinari)에 의해 아르치골라(Arcigola) 연맹의 문서로 처음 선언되었습니다. 1989년 공식적으로 슬로푸드 연맹이 설립되었으며, 이는 패스트푸드 문화에 대한 대응으로서, 음식의 전통과 다양성을 보존하려는 목적을 가진 단체입니다. 이 운동은 음식을 만들고 즐기는 데 시간을 들이는 것의 가치를 강조하며, 음식과 관련된 전통과 문화를 재조명합니다.

2) 철학의 중요성

슬로푸드 운동의 핵심 철학은 슬로푸드는 생활의 리듬을 늦추고, 음식의 맛과 색깔의 뉘앙스에 주의를 기울이는 것을 강조합니다. 이 운동은 '맛'이라는 국가적 재산을 중요시하며, 특히 '특별한 맛'은 역사적 가치가 높다고 여깁니다. 음식을 통한 즐거움과 지역 공동체의 육성에 중점을 둡니다. 이 철학은 지속 가능하고 윤리적인 농업 관행의 촉진, 전통 식문화의 보존, 생물 다양성의 보호를 포함합니다. 또한, 이 운동은 음식의 맛과 품질을 최대화하고, 음식을 통한 사회적 결속과 문화적 교류를 중시합니다.

3) 슬로푸드의 메시지

슬로푸드 운동은 문화적 가치가 있는 것들을 소중히 간직하는 것을 중요시합니다. 이는 성급함으로 인한 불합리한 결과를 피하고, 소중한 것들을 보호하고 가꾸어야 한다는 메시지를 전달합니다. 이종필 교수 또한 이를 강조합니다. 더 나아가 인천 서구와 김포, 강화도의 도시농업에서 전통적인 식재료와 요리법을 보호하고, 지역 공동체의 지속 가능한 발전을 추구해야 합니다.

4) 생물 다양성의 중요성

슬로푸드는 생물의 다양성을 중요한 핵심 가치로 여깁니다. 이 교수는 슬로푸드 운동의 핵심 가치 중 하나인 생물의 다양성이 인천 서구, 김포, 강화도 지역에서 지켜져야 한다고 강조합니다. 생물 다양성 소멸, 즉 유전자 다양성이 소실된다는 것은 생물체 복원이 불가능함을 의미하므로, 이를 보존하는 것이 중요합니다. 이 관점에서 인천 서구, 김포, 강화도 지역의 도시농업에서도 생물 다양성을 보존하고 증진하는 방향으로 도시 농업이 진행된다면, 치유농업과 함께 전국에서 성공하는 도시농업으로 자리매김할 것입니다.

5) 활동과 성과

슬로푸드 연맹은 자발적인 구조로, 멸종 위기에 처한 유전자 보호하기 위해 노력합니다. 이러한 노력은 유전자 보호뿐만 아니라 문화, 언어, 기술 등 다양한 영역에 걸쳐 있습니다. 예를 들어, 부를리나 젖소와 친타 세네제 돼지 등 특정 품종을 보전하는 데 성공한 사례가 있습니다. 이러한 노력은 단순히 특정 동물 품종을 보존하는 것을 넘어서, 지역의 문화, 전통적인 농업 방식, 그리고 생태계의 다양성을 유지하는 데 중요한 역할을 합니다. 슬로푸드 운동은 이와 같은 품종의 보존을 통해 지속 가능한 농업과 식문화의 중요성을 강조하고 있습니다.

(1) Burlina Cows(부를리나 젖소)

이 젖소는 베네토 지역에서 오랜 기간 동안 사육되어 온 전통적인 품종입니다. 검은색과 흰색의 무늬가 있는 털로 이 품종을 쉽게 식별할 수 있습니다. 그러나 상업적으로 더 이익이 되는 다른 젖소 품종의 출현으로 인해 부를리나 젖소의 개체 수가 현저히 감소하여 멸종 위기에 처했습니다. 슬로푸드 운동은 이 품종의 독특한 특성을 홍보하고 지역 농민들이 부를리나 젖소를 계속 사육하도록 장려함으로써 이 품종을 보존하는 데 중요한 역할을 했습니다.

(2) Cinta Senese Pigs(친타 세네제 돼지)

친타 세네제는 투스카니 지역의 역사적인 돼지 품종으로, 어깨와 가슴 주변에 특징적인 흰색 벨트(이탈리아어로 '친타')가 있는 어두운 털로 인식됩니다. 이 품종 역시 돼지 사육의 산업화로 인해 성장 속도가 빠른 다른 품종이 선호되면서 멸종 위기에 처했습니다. 친타 세네제를 보존하기 위한 슬로푸드 운동은 이 돼지고기의 높은 품질과 독특한 맛을 지켜내고 있으며, 지속 가능한 사육 방식을 고수하는 지역 농민들을 돕고 있습니다.

6) 국제적 확산과 교육 프로그램

슬로푸드 운동은 이탈리아를 넘어 전 세계적으로 확산했으며, 여러 국가에서 지부를 설립하고 교육 프로그램을 운영하고 있습니다. 이는 지역적, 문화적 식품의 가치를 인식하고 보존하는 것에 중점을 두며, 이와 같은 접근을 인천 서구, 김포, 강화도 지역의 도시농업과 연결하여 적용할 수 있습니다.

7) 지역 사회와의 연계

슬로푸드 운동은 지역 사회와 긴밀히 연계하여 전통적인 식품과 요리법을 보호하고, 궁극적으로 사회적 융화와 환경 보호를 지향합니다. 이를 통해 인천 서구, 김포, 강화도 지역에서도 지역 공동체의 사회적 융화와 환경 보호를 촉진할 수 있습니다.

8) 미디어를 통한 홍보와 영향력

슬로푸드는 매스미디어를 통해 그 메시지를 광범위하게 전파하며, 이를 통해 도덕적 자각과 사회적 화해를 조성하는 데 기여하고 있습니다. 이종필 교수는 슬로푸드 운동이 매스미디어를 통해 그 메시지를 광범위하게 전파하고 있다는 점을 인정합니다. 이를 통해 도덕적 자각과 사회적 화해를 조성하는 것이 이 운동의 매력이며, 인천 서구, 김포, 강화도 지역에서도 이와 같은 홍보 방식을 활용할 수 있습니다.

이종필 교수는 슬로푸드 운동이 인천 서구, 김포, 강화도에서도 일어나길 바란다고 밝혔습니다. 이는 단순한 음식의 소비 방식을 넘어서 지속 가능한 농업, 생물 다양성의 보호, 전통 식문화의 유지와 같은 중요한 가치를 전파하는 글로벌 운동입니다. 또한 인천 서구, 김포, 강화도 지역의 도시농업과 식문화에 혁신적인 접근을 제공하며, 지역 공동체의 사회적 융화와 문화 다양성의 증진을 가져올 것입니다.

UNIT 2. 인천 검단구 대곡동의 슬로푸드 실천

김금숙 씨의 슬로푸드 된장과 두부 제조 에피소드는 인천 서구와 김포, 강화도 지역의 도시 농업과 슬로푸드 운동의 철학을 깊이 있게 연결하며, 지역 문화와 전통 식문화의 유지 및 발전에 기여하는 생생한 사례를 제공합니다. 김금숙 씨는 농촌지도소에서의 활동과 생활개선회, 요리 교육과 먹거리 체험을 통해 축적한 경험을 바탕으로, 된장과 두부를 전통적인 방법으로 제조하는 과정을 통해 슬로푸드 운동의 가치를 실천하고 있습니다.

1. 슬로푸드와 전통 식품의 재발견

김금숙 씨의 슬로푸드 된장 제조 과정은 메주를 소금물에 담가 자연 발효하는 전통적인 방법에서 시작됩니다. 이 과정은 시간과 정성이 요구되며, 슬로푸드 운동의 핵심인 음식의 맛과 품질을 최대화하는 데 중점을 둡니다. 아래의 사진은 된장을 제조하는 각 단계를 세밀하게 담아내며, 음식을 통한 문화적 가치와 전통의 중요성을 강조합니다.

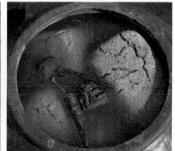

두부 제조 역시 전통적인 방법에 의존합니다. 콩을 선별하여 불린 후 갈아내어 콩물을 얻고, 이를 가열한 뒤 응고제를 넣어 두부를 만듭니다. 이 과정은 자연의 재료를 최대한 활용하며, 음식의 본연의 맛을 살리는 슬로푸드 운동의 철학을 반영합니다. 두부 판매를 통해 마련된 수익금은 기금 사업에 활용되어 지역 사회의 지속 가능한 발전에 기여합니다.

2. 헌신과 공동체의 가치

김금숙 씨의 이야기는 슬로푸드 운동이 단순히 음식의 제조 방식에만 국한되지 않음을 보여줍니다. 농촌지도소에서의 활동, 생활개선회 참여, 요리 교육 및 먹거리 체험을 통한 지역 사회와의 교류는 슬로푸드의 근본적인 가치인 지역 공동체의 육성과 문화적 교류를 실현합니다. 특히, 농협 노래교실 회원들과의 약속을 지키기 위해 밤 늦게까지 두부를 만들다가 쓰러져 병원에 입원한 일화는 공동체를 위한 김금숙 씨의 헌신을 보여줍니다.

3. 지속 가능한 농업과 식문화의 발전

김금숙 씨의 슬로푸드 된장과 두부 제조는 인천 서구, 김포, 강화도 지역에서 지속 가능한 농업과 식문화의 발전을 위한 모범 사례를 제시합니다. 전통적인 식재료와 요리법의 보호는 물론, 생물 다양성의 중요성을 강조하며, 지역 공동체의 지속 가능한 발전을 위한 활동을 이어나가고 있습니다. 이 과정은 슬로푸드 운동의 메시지를 실현하며, 지역 문화와 전통을 보존하고 발전시키는 데 중요한 역할을 합니다.

김금숙 씨의 슬로푸드 된장과 두부 제조 에피소드는 슬로푸드 운동의 가치와 지역 문화 및 전통 식문화의 유지와 발전 사이의 깊은 연결고리를 보여줍니다. 이는 도시 농업을 통한 슬로푸드의 실천과 그 의미를 더욱 깊이 있게 이해하는 데 기여합니다.

UNIT 3. 전통적 조리법과 재료의 현대적 가치

1. 전통 조리법의 중요성

전통 조리법은 단순한 조리 방식을 넘어서, 해당 지역의 문화적 정체성과 역사를 반영합니다. 이러한 조리법은 세대를 거쳐 전해져 온 지혜와 지역의 특색을 담고 있습니다. 구체적으로는 특정 지역의 생활 방식, 축제, 그리고 사회적 관습과 긴밀히 연결되어 있습니다. 예를 들어, 인천 서구, 김포, 강화도 지역의 전통적인 조리법은 그 지역의 해산물과 농산물을 사용하여 독특한 지역 특산물을 만들어냄으로써 지역의 독창성을 보존합니다.

2. 현대적 재해석의 필요성

전통 조리법과 재료는 시대의 변화와 함께 새로운 방식으로 재해석되어야 합니다. 현대 기술과 요리 기법을 전통 조리법에 접목하여 새로운 맛과 형태로 재창조할 수 있습니다. 이 과정에서 전통 조리법은 현대적 맥락에서도 여전히 관련성을 가지며, 동시에 혁신을 통해 진화할 수 있음을 보여줍니다. 예를 들어, 전통 발효 방식을 현대적 과학적 기법과 결합하여 새로운 발효 식품을 창출하거나, 고전적인 재료를 현대적 조리 기술을 이용해 새롭게 해석할 수 있습니다.

3. 전통과 현대의 조화

이종필 교수는 전통적인 조리법과 현대적 요소의 조화가 중요하다고 강조합니다. 이러한 조화는 전통 식재료와 조리법이 현대의 소비자들에게도 어필할 수 있도록 돕고, 전통적인 맛과 건강한 식습관을 유지하는 동시에 새로운 요리 경험을 제공합니다. 또한, 이러한 접근은 지역 농업과 식문화에 새로운 생명을 불어넣으며, 지역 경제와 관광에 긍정적인 영향을 미칠 수 있습니다.

UNIT 4. 지역 농산물의 중요성과 보존 전략

부천대학교 호텔외식조리학과 이종필 교수는 지역 농산물의 중요성과 고유 농산물의 보존 전략을 깊이 있게 다루고자 합니다. 이 장에서는 인천 서구, 김포, 강화도 지역의 도시농업과 식문화 발전을 목표로 하며, 특히 아이푸드파크와 같은 식품산업단지와의 연계를 중점적으로 탐구합니다.

1. 지역 농산물의 중요성과 보존 전략

1) 지역 농산물의 역할

지역 농산물은 단순히 식품 자체를 넘어서 지역 경제에 중요한 역할을 합니다. 이는 지역 농민의 수입원이 되며, 소비자들에게 신선하고 고품질의 식품을 제공합니다. 또한, 지역 농산물의 사용은 운송 과정에서 발생하는 환경적 영향을 줄이는 동시에, 지역 고유의 맛과 다양성을 유지하는 데 기여합니다.

2) 보존 전략

지역 농산물의 보존 전략에는 지역 농민과의 직거래, 농산물의 계절성을 존중하는 메뉴 개발, 전통적인 농법의 장려, 지역 식품 축제와 시장의 활성화 등이 포함됩니다. 이러한 전략은 지역 농산물의 가치를 높이고, 지역 공동체의 지속 가능한 발전을 촉진합니다. 지역 농산물의 보존과 활용을 위한 전략으로는 다음과 같은 방법들이 있습니다.

- 지역 농민과의 직거래: 지역 농민과의 직접적인 거래를 통해 지역 농산물의 유통을 간소화하고, 농민들에게 더 나은 수익을 보장합니다.
- 계절성을 존중하는 메뉴 개발: 계절에 따라 변화하는 지역 농산물을 활용하여 메뉴를 개발함으로써 식품의 신선도와 품질을 유지하고, 지역 식문화의 다양성을 강조합니다.
- 전통적인 농법의 장려: 화학 비료와 농약의 사용을 줄이고, 지속 가능한 농법을 장려하여 토양의 건강과 생물 다양성을 보존합니다.

- 지역 식품 축제와 시장의 활성화: 지역 식품 축제와 시장을 통해 지역 농산물을 홍보하고, 지역 공동체와의 연결을 강화합니다.

이러한 전략들은 지역 농산물의 가치를 높이고, 지역 공동체의 경제적, 환경적 지속 가능성을 촉진합니다. 이종필 교수는 이러한 전략이 인천 서구, 김포, 강화도 지역의 도시농업과 식문화 발전에 중요한 기여를 할 수 있음을 강조합니다. 지역 농산물의 보존과 활용은 단순한 경제적 이익을 넘어서, 지역의 문화적 정체성과 환경적 건강을 유지하는 데 필수적인 요소로 간주됩니다.

2. 아이푸드파크와 지역 농산물의 연계

1) 아이푸드파크의 역할과 중요성

수도권 최초이자 최대 규모의 식품산업단지인 아이푸드파크는 지역 농산물과의 연계를 통해 지역 농업과 식품 산업의 상호작용을 촉진합니다.

- 혁신적 연계 모델 제공: 아이푸드파크는 인천 서구 금곡동에 위치한 수도권 최초이자 최대 규모의 식품산업단지입니다. 이는 지역 농산물의 가치를 극대화하고, 식품 산업의 혁신을 이끄는 중요한 허브로 기능합니다.
- 지역 경제에 미치는 영향: 아이푸드파크의 활동은 인천 서구뿐만 아니라 김포와 강화도를 포함한 주변 지역의 경제 발전에 직접적인 영향을 미칩니다. 이는 지역 농산물의 수요를 늘리고 농가 소득을 안정화하는 중요한 역할을 합니다.

2) 지역 농산물 활용 전략

아이푸드파크는 지역 농산물을 활용하여 다양한 식품을 생산하고, 신제품 개발을 지원합니다. 이는 지역 경제 및 고용 창출에 큰 기여를 하며, 지역 브랜드와 마케팅을 강화합니다.

- 다양한 식품 생산: 아이푸드파크는 지역 농산물을 활용해 다양한 식품을 생산하며, 이를 통해 지역 농업과 식품 산업 간의 긴밀한 연계를 촉진합니다. 이는 농민과 식품 제조업자 간의 파트너십을 강화하고, 지역 경제에 긍정적인 영향을 미칩니다.

- 혁신적 신제품 개발: 아이푸드파크 내의 연구개발 센터는 지역 농산물을 기반으로 한 신제품 개발에 중점을 둡니다. 이는 지역 식재료의 새로운 활용 방법을 탐구하고, 지역 브랜드를 강화하는 데 기여합니다.
- 지역 브랜드와 마케팅 강화: 아이푸드파크에서 생산되는 제품에 지역 농산물을 활용함으로써 지역 브랜드의 인지도를 높이고, 지역 식문화를 알리는 데 중요한 역할을 합니다.

3) 지속 가능한 개발을 위한 노력

- 환경 친화적인 접근: 아이푸드파크는 환경 친화적인 생산 방식을 채택하여 지역 농업의 지속 가능성을 지원합니다. 이는 친환경적인 폐수처리 시설을 포함하여 지역 농업의 환경적 영향을 최소화하는 데 중점을 둡니다.
- 교육 및 체험 프로그램: 아이푸드파크는 일반인과 학생들을 대상으로 한 교육 및 체험 프로그램을 제공하여 지역 식문화에 대한 인식을 제고하고, 지역 식품 산업에 대한 관심을 증진합니다.

3. 부천대학교 호텔외식조리학과의 미래푸드산업 조리전문기술석사과정과의 연계

이종필 교수는 산학연계를 통해 지역 식품회사와 식품관련 특허, 연구보고서, 공동 연구개발, 미래푸드산업 컨설팅 및 취창업 연계 등을 추천합니다. 이는 지역 식품산업의 발전과 혁신에 도움이 될 것입니다.

1) 혁신적 연구 및 개발

- 공동 연구개발 프로젝트: 석사과정 학생들과 지역 식품회사들이 공동으로 연구개발 프로젝트를 수행함으로써, 혁신적인 식품 제품 개발을 촉진할 수 있습니다. 이러한 프로젝트는 신제품 개발, 품질 향상, 지속 가능한 생산 방법 등 다양한 분야에 초점을 맞출 수 있습니다.
- 식품 관련 특허 및 연구: 식품 산업 관련 최신 트렌드와 기술에 대한 연구를 진행하며, 이를 바탕으로 새로운 특허 개발에 기여합니다.

2) 미래푸드산업 컨설팅

- 산업 분석 및 전략 개발: 학과는 식품 산업의 현재 상태와 잠재력을 분석하고, 이를 바탕으

로 지역 식품회사들에게 맞춤형 전략을 제공합니다. 이는 시장 진입 전략, 제품 포지셔닝, 마케팅 전략 등을 포함할 수 있습니다.

- 지속 가능한 식품 생산 및 유통: 지역 식품회사들이 환경 친화적이고 지속 가능한 방식으로 식품을 생산하고 유통할 수 있는 방법을 제시합니다.

3) 취창업 연계 및 지원

- 학생들의 실무 경험 제공: 석사과정 학생들이 지역 식품회사에서 인턴십 또는 프로젝트 기반의 실무 경험을 쌓을 수 있도록 지원합니다. 이는 학생들에게 실질적인 산업 경험을 제공하고, 기업들에게는 신선한 아이디어와 젊은 인재를 소개합니다.

- 창업 지원 및 네트워킹: 창의적이고 기업가 정신이 강한 학생들이 자신의 식품 관련 사업 아이디어를 실현할 수 있도록 지원합니다. 이는 멘토링, 자금 조달 방법 안내, 네트워킹 기회 제공 등을 포함할 수 있습니다.

4. 인천 서구, 김포, 강화의 슬로푸드 발전방향

인천 서구, 김포, 강화 지역에서 지속가능한 농업으로 슬로푸드 전략을 추천하면서 해당 지역의 도시농업인들에게 실질적인 방향성을 제시할 수 있는 전략을 제시하고자 합니다.

1) 슬로푸드 운동: 전통의 재발견 및 지역적 적용

- 지역 특성에 맞는 전통 식문화의 보존 및 발전: 슬로푸드는 전 지구적 미각의 동질화를 지양하고 지역 특성에 맞는 전통적이고 다양한 식문화를 추구합니다. 인천 서구, 김포, 강화 지역의 전통적 식재료와 요리법을 재발견하고, 이를 현대적인 요리법과 접목하여 새로운 맛을 창조해야 합니다.

- 융복합 6차 산업단지를 통한 지역 농업의 혁신: 성공적인 슬로푸드 콘셉트를 적용한 경남 하동과 같이 융복합 비즈니스센터 운영과 슬로푸드 체험·교육단지 조성을 통해 1, 2, 3차 산업이 어우러진 융복합 6차 산업단지를 구축할 필요가 있습니다. 이는 지역 농가의 소득을 증대시키고 지속 가능한 농업을 도울 것입니다.

- 농산물 가공 및 부가가치 창출: 지역 농산물의 수매 및 가공을 통해 새로운 부가가치 상품을 창출합니다. 예를 들어, 떨어진 과실이나 비상품과 같은 자원을 활용한 가공식품 개발

은 지역 농가의 소득 안정에 기여하고, 지속가능한 농업을 지원합니다.

- 업사이클링 및 친환경 기술 개발: 예를 들어 배 착즙 가공식품 제작 과정에서 나오는 부산물을 활용하는 등의 업사이클링 및 친환경 기술 개발을 통해 농식품의 고부가가치화를 추진합니다. 이는 지역 농업의 지속 가능성을 높이고 환경에 대한 책임감을 강화합니다.

2) 축제 및 행사 아이디어

- 슬로푸드 축제: 인천 서구, 김포, 강화의 전통 농산물과 요리를 전시하고 시식할 수 있는 축제를 개최합니다. 이를 통해 지역 주민들에게 슬로푸드 철학을 공유하고, 지역 농산물의 가치를 홍보합니다.
- 교육 및 체험 프로그램: 슬로푸드 관련 교육 프로그램 및 체험 활동을 통해 지역 주민들과 도시농업인들이 슬로푸드 철학을 체험하고 학습할 수 있는 기회를 제공합니다.
- 로컬 미식 투어: 지역의 슬로푸드 레스토랑과 농가를 방문하는 미식 투어를 조직하여 지역 농업과 식문화의 연결고리를 강화합니다.
- 네트워크 구축 및 협력 강화: 지역 농가, 레스토랑, 소비자들이 서로 협력하고 정보를 교환할 수 있는 네트워크를 구축합니다. 이는 지역 내에서 슬로푸드 운동의 확산과 식문화의 발전을 촉진할 것입니다.

이러한 전략과 아이디어는 인천 서구, 김포, 강화 지역의 슬로푸드 운동을 활성화하고, 이를 통해 지역 농업의 지속 가능성을 높이며, 지역 주민들에게 슬로푸드 철학의 가치를 전달할 것입니다.

맛의 결정적 지식

UNIT 1. 맛의 결정적 지식 개념과 중요성

"맛의 결정적 지식"은 요리와 식품 과학의 교차점에서 핵심적인 역할을 하는 개념입니다. 이는 음식의 맛을 깊이 이해하고 분석하는 데 필요한 광범위한 지식과 이론을 포함합니다. 맛의 결정적 지식은 재료 선택, 조리법, 풍미 극대화, 식품 품질, 안전성, 문화적 맥락, 소비자 만족도, 그리고 건강 및 영양에 이르기까지 여러 분야를 포괄합니다. 부천대학교 호텔외식조리학과 이종필 교수는 이것을 몇 가지로 개념화했습니다. 우선 전 세계 사람들의 공통적인 맛의 결정적 지식을 살펴보고, 요리할 때 적용할 수 있는 맛의 결정적 지식을 알아보고, 응용까지 해보도록 하겠습니다.

UNIT 2. 전 세계 사람들의 공통적인 맛의 결정적 지식

맛은 단순히 감각적인 요소를 넘어서 인간의 생존과 직결된 중요한 기능을 가지고 있으며, 우리가 살고 있는 지구의 다양한 환경과 문화에서 영향을 받으며 형성됩니다. 부천대학교 이종필 교수는 전 세계 사람들의 공통적인 맛의 결정적 지식의 근원을 어머니 배 속의 양수 속에서 찾아보았습니다.

1. 맛의 근원과 중요성

맛의 경험은 생명의 시작과 깊은 연관이 있습니다. 인간이 느끼는 맛의 기본은 어머니의 자궁 안에서 경험하는 양수의 맛에서 시작됩니다. 양수의 염도가 약 0.85%라는 사실은, 우리가 요리할 때 사용하는 소금 간의 표준인 0.9%와 유사합니다. 이는 우리가 음식에 소금을 사용해 맛을 조절할 때 본능적으로 익숙함을 추구한다는 것을 의미할 수 있습니다. 즉, 어머니의 자궁 속 환경은 우리가 선호하는 맛의 기준을 설정하는 초기 템플릿 역할을 합니다.

감칠맛은 세포의 구성 요소인 아미노산에서 비롯됩니다. 이러한 아미노산은 단백질을 구성하며, 그 결과로 나타나는 감칠맛은 우리 세포와 직접적인 연결 고리를 가지고 있습니다. 이는 우리 몸이 자연스럽게 필요로 하는 영양소를 감지하는 데 중요한 역할을 하며, 식사 경험을 통해 우리 몸에 필요한 성분을 충족하려는 욕구를 반영합니다.

단맛은 에너지의 근원인 탄수화물을 감지하는 데 중요합니다. 이것은 우리가 섭취하는 음식으로부터 에너지를 얻기 위한 신체의 자연스러운 메커니즘을 반영합니다. 단맛은 섭취한 음식이 에너지를 제공할 수 있음을 나타내며, 생명 유지에 필수적인 역할을 합니다.

결론적으로 우리가 느끼는 맛은 단순한 쾌락 이상입니다. 이는 생명 유지, 에너지 획득, 영양소 감지 등, 살아 있는 지구의 생명체로서 기능하는 데 필수적인 요소입니다. 이러한 맛의 경험

자연의 치유식탁

은 삶의 다양성을 이해하고, 살아가는 데 필요한 에너지와 영양을 얻는 데 중요한 역할을 합니다.

2. 맛의 핵심성분과 역할

- 짠맛은 인간의 몸을 조작하는 핵심적인 성분이며, '맛을 여는 황금 열쇠'로 묘사됩니다. 염도가 0.9%일 때 어머니 양수의 짠맛과 인체의 짠맛 염도와 동일하기에 가장 맛있는 염도입니다. 이는 음식의 풍미를 강화하고 기본적인 맛의 균형을 잡는 역할을 합니다.
- 감칠맛은 고기의 쪼개진 맛이라고 할 수 있는 글루타민산과 핵산계열의 성분으로 구성되며, 세포를 구성하는 중요한 요소입니다. 0.4%의 농도에서 감칠맛을 느낄 수 있습니다.
- 신맛은 맛을 생생하게 살려주는 요소로, 0.1%의 농도에서 느낄 수 있습니다. 이는 음식의 신선도를 감지하는 데 도움을 줍니다.
- 단맛은 인체의 에너지원으로서 중요하며, 10% 이상의 농도에서 단맛을 느끼기 시작합니다. 그래서 주식일 때 단맛의 범위는 0~10% 범위로 설정하고, 디저트의 단맛은 10~15% 범위로 설정하여 요리하면 됩니다. 단맛은 에너지를 제공하고 다른 맛들과의 조화를 이루는 데 기여합니다.

지구인이 느끼는 맛을 근원은 어머니의 자궁 속에서 경험한 것이다.

Flavor의 결정적 지식 4's taste 기준

- 짠맛은 우리 몸을 조직하는 핵심적인 성분이며,
"맛을 여는 황금 열쇠"로 염도는 0.9%,
- 감칠맛은 세포를 구성하는 고기의 쪼개진 맛으로 0.4%
- 신맛은 풍미를 생생하게 살리는 맛으로 0.1%
- 단맛은 인체 에너지원으로 10% 이상을 넘어야, 단맛을 느낀다.
- 향은 0.1% 성분으로 각 나라 음식의 프로파일을 구성하며, 풍미의 90%를 차지한다.

UNIT 3. 맛의 구성 요소

1. "맛=Flavor"의 결정적 지식

맛의 결정적 지식은 기본 맛과 보조 맛, 후각 및 기타 감각의 상호작용을 이해하는 것에서 시작됩니다. 다음은 맛의 결정적 지식을 알기 쉽게 정리해보았습니다.

Flavor = 기본 Taste 6 > 보조 Taste 4 > Smell 4 > All sensory

- 기본 맛은 음식의 주된 특징을,
- 보조 맛은 추가적인 뉘앙스를 제공하며,
- 후각과 다른 감각은 음식의 풍미를 완성하는 중요한 역할을 합니다.

이러한 통합적 이해는 요리와 식품 개발, 교육에 중요하며, 다양한 문화의 음식을 더욱 깊게 이해하고 새로운 요리법을 창조하는 데 도움이 됩니다.

- 기본적인 맛의 이해: 음식의 기본 맛(단맛, 짠맛, 쓴맛, 신맛, 감칠맛, 지방맛)과 이러한 맛들이 어떻게 조화를 이루는지 이해
- 보조적인 맛의 인지: 떫은맛, 매운맛, 시원한 맛, 아린 맛과 같은 추가적인 맛의 요소들을 인식하고, 이러한 맛들이 음식의 복잡성에 어떻게 기여하는지 파악. 각 나라 문화의 요리법이나 식습관에 깊이 뿌리내린 맛의 개념을 반영
- 후각과의 관계: 맛은 후각과 밀접하게 연결되어 있으며, 맛의 전체적인 인상은 냄새에 의해 영향을 받음
- 감각적 상호작용: 다양한 감각이 어떻게 상호작용하여 종합적인 맛의 경험을 형성하는지 이해

- 문화적 및 개인적 차이: 서로 다른 문화적 배경과 개인적 취향이 맛에 대한 인식에 어떤 영향을 미치는지 인지
- 식품과학과 기술: 맛을 만들어내는 식품의 화학적, 물리적 속성과 요리 및 가공 기술을 이해

2. 10's Taste의 결정적 지식

1) 기본 맛과 보조 맛

맛의 결정적 지식은 6가지 기본 맛(단맛, 짠맛, 쓴맛, 신맛, 감칠맛, 지방맛)과 4가지 보조 맛(떫은맛, 매운맛, 시원한 맛, 아린 맛)을 포함합니다. 이러한 맛들은 음식의 복잡성에 기여하고, 후각과 밀접한 관련이 있으며, 다양한 문화의 요리법이나 식습관에 깊이 뿌리내린 맛의 개념을 반영합니다.

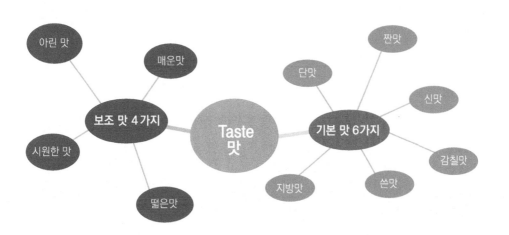

- 보조 맛: 각 나라 문화의 요리법이나 식습관에 깊이 뿌리내린 맛의 개념을 반영하여 결정
- 기본 맛: 음식의 주된 특징

2) 6가지 기본 맛

- 단맛: 단맛은 음식에 친숙함과 만족감을 제공합니다. 설탕, 과일, 꿀 등에서 발견되며, 다른 맛의 강도를 중화하는 역할을 할 수 있습니다.
- 짠맛: 짠맛은 음식의 풍미를 강화하고, 다른 맛과의 균형을 맞추는 데 중요합니다. 소금은 음식의 맛을 돋보이게 하는 가장 기본적인 조미료입니다.

- 쓴맛: 쓴맛은 복잡성과 깊이를 음식에 추가합니다. 쓴맛은 일부 채소, 쓴 초콜릿, 일부 커피에서 발견되며, 식욕을 자극하고 소화를 촉진할 수 있습니다.
- 신맛: 신맛은 신선함과 산뜻함을 추가하며, 음식의 맛에 활력을 불어넣습니다. 식초, 레몬, 발효 식품 등에서 발견되며, 무거운 맛을 줄이는 역할을 합니다.
- 감칠맛: 감칠맛은 고기 같은 맛을 내는 글루탐산과 핵산계열 물질들(이노신산, 구아닌산 등)에 의해 발생하며, 우리 몸의 단백질 형성에 중요한 맛입니다. 감칠맛은 음식의 풍부함을 높이고, 만족감을 제공합니다.
- 지방맛: 최근 연구에서 제안된 맛으로, 지방산의 존재를 감지합니다. 지방맛은 음식의 질감과 만족도를 높이는 데 기여합니다. 지방맛은 음식의 질감과 만족도를 높이며, 부드럽고 풍부한 맛을 제공합니다. 지방산의 존재를 통해 감지되며, 크림이나 버터 같은 지방이 풍부한 식품에서 발견됩니다.

3) 4가지 보조 맛

- 떫은맛: 떫은맛은 실제로 맛이 아니라 입 안의 건조함과 수축감을 느끼게 하는 감각입니다. 와인이나 차, 일부 과일에 포함된 타닌에서 발견됩니다. 이 맛은 음식의 질감을 조절하는 데 사용됩니다.
- 매운맛: 매운맛 역시 엄밀한 의미에서의 맛은 아니며, 통각 섬유를 자극하는 감각입니다. 매운맛은 통각 섬유를 자극하여 뜨거움과 자극적인 느낌을 줍니다. 고추나 향신료에서 발견되며, 음식에 강렬함과 열정을 더해줍니다.
- 시원한 맛: 역시 맛이라기보다는 온도 감각에 가깝습니다. 멘톨이나 페퍼민트에서 나타나는 시원한 맛은 입 안에 시원함을 느끼게 하며, 무거운 맛을 상쾌하게 만드는 데 사용됩니다.
- 아린 맛: 아린 맛은 마늘 등 특정 식재료에서 나오는 독특한 화합물의 맛으로, 한국인이 자주 소비하는 향신료 중 하나입니다. 아린 맛은 음식에 특유의 향과 강렬한 맛을 추가합니다.

3. 음식에서 나는 냄새

1) 4's Smell의 결정적 지식

향은 단지 0.1%의 성분으로 음식의 프로파일을 구성하며, 음식의 풍미의 대부분(90%)을 차지합니다. 이는 특정 지역에서 자라는 식재료와 그 지역의 조리 방법에 의해 결정되며, 각 나라의 음식을 독특하게 만드는 요소입니다. 냄새를 가지고 있는 재료는 크게 신맛에서 나는 냄새, 지방에서 나는 냄새, 아로매틱스에서 나는 냄새, 훈연에서 나는 냄새가 있습니다. 아래 그림의 '4's Smell'이라고 불리는 네 가지 주요한 냄새 그룹(신맛, 지방, 아로마틱, 훈연)은 각 그룹이 가지는 특성과 음식에 미치는 영향을 설명하고 있습니다. 예를 들어, 한국 음식에는 참기름의 고유한 향이, 이탈리아 요리에는 올리브 오일의 특징적인 냄새가, 프랑스 요리에는 버터의 고소한 냄새가 강조되어 각각의 국가에서 향을 통한 독특한 음식 문화를 형성합니다.

4's Smell의 결정적 지식

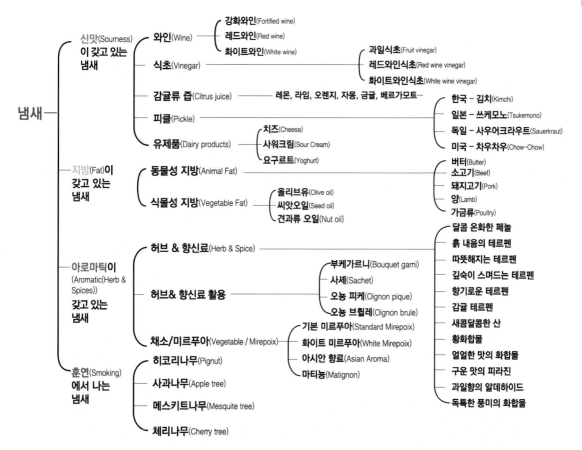

(1) 신맛(Sourness)에서 나는 냄새

신맛은 주로 산성을 가진 식재료에서 나옵니다. 식초, 와인, 시트러스 주스(레몬, 라임, 오렌지 등)와 같은 식재료들이 여기에 해당합니다. 이 그룹의 냄새는 음식에 상큼하고 활기찬 느낌을 주며, 신선도와 깨끗한 맛을 강조하는 역할을 합니다. 나라마다 고유의 신맛을 내는 재료가 있어 요리에 특유의 풍미를 부여합니다.

(2) 지방(Fat)에서 나는 냄새

동물성 지방(동물의 기름이나 지방)과 식물성 지방(식물 기름)에서 나오는 냄새가 이 그룹에 속합니다. 지방은 음식에 풍미와 질감을 더하며, 특히 구이나 볶음 요리에서 중요한 역할을 합니다. 지방은 코팅 효과를 내어 다른 맛들을 부드럽게 묶어주며, 풍부한 느낌을 제공합니다. 동물성 지방과 식물성 지방 모두 음식의 질감과 풍미를 풍부하게 합니다. 예를 들어, 이탈리아 요리에서는 올리브 오일이, 프랑스 요리에서는 버터가 중요한 지방원으로 사용됩니다.

(3) 아로마틱(Aromatic Herbs &Spices)에서 나는 냄새

허브, 향신료, 피클과 같은 아로마틱 식재료는 요리에 복잡성과 미묘한 향을 더합니다. 허브와 향신료는 요리에 다양한 향을 추가하며, 특정 요리나 지역의 독특한 캐릭터를 형성하는 데 기여합니다. 각국의 전통적인 허브와 향신료는 그 지역의 역사와 문화를 반영합니다.

(4) 훈연(Smoking)에서 나는 냄새

훈연 과정을 거친 식재료는 고유의 훈연 냄새를 가지며, 이는 음식에 깊이와 풍미를 더합니다. 훈연은 고기, 치즈, 심지어 일부 채소에도 사용되어 복잡한 풍미 프로파일을 만들어냅니다.

이 네 가지 그룹은 각 나라의 음식을 특징짓는 냄새의 원천이 되며, 전 세계 다양한 요리에서 찾아볼 수 있는 향의 기본이 됩니다. 이러한 향의 다양성은 세계 각국의 요리가 가지는 독특한 아이덴티티를 형성하고, 그 나라의 식문화와 역사를 반영합니다.

2) 나라별 푸드 프로파일

(1) 대한민국의 푸드 프로파일

그림은 한국 음식의 향을 내는 주요 재료가 나열되어 있습니다.

Food Profile **Korea**

나라명	지방	신맛	스파이스
한국	참기름, 들기름 중성 식용유	청주식초 쌀로 만든 발효/증류주	고추, 마늘, 참깨, 생강, 들깨, 대파

- 참기름과 들기름: 이 두 가지 기름은 한국 요리에 고유한 풍미를 더해줍니다. 참기름은 깊고 고소한 맛을, 들기름은 약간 더 풀 같은, 더 거친 풍미를 냅니다. 두 기름 모두 볶음 요리, 양념, 그리고 드레싱에 사용되어 음식의 맛을 강조합니다.
- 청장과 조선간장: 이는 한국의 전통 발효 간장입니다. 청장은 좀 더 깊고 진한 맛이 나며 조선간장은 상대적으로 가볍고 담백한 맛이 납니다. 이 간장들은 국물이나 찌개, 그리고 양념에 사용되어 음식에 짠맛과 풍미의 깊이를 더합니다.
- 고추, 마늘, 생강, 된장, 대파: 이 재료들은 한국 요리의 필수품으로, 각각 매콤한 맛, 톡 쏘는 맛, 향긋한 맛, 진한 감칠맛, 그리고 신선한 풍미를 제공합니다. 고추는 고추장과 같은 양념뿐만 아니라 찌개나 볶음 요리에 매운맛을 더하는 데 쓰이고, 마늘과 생강은 향을 더하며, 된장은 깊은 감칠맛을, 대파는 요리에 신선함을 더합니다.

이러한 재료들의 조합은 한국 요리를 매우 독특하고 풍부한 맛의 음식으로 만들어줍니다. 한국 요리는 깊은 맛과 다양한 향의 조화로운 균형을 자랑하며, 이는 한국의 식문화와 전통을 반영하는 중요한 부분입니다.

그림은 일본 음식의 향을 내는 주요 재료가 나열되어 있습니다.

Food Profile **Japan**

나라명	지방	신맛	스파이스
일본	참기름 중성 식용유	청주식초 쌀로 만든 발효/증류주	고추, 생강, 와사비, 들깨, 표고버섯, 유자, 다시마, 겨자분말, 김, 시치미

- 참깨: 일본 음식에서 참깨는 종종 산미와 고소한 맛을 더하는 요소로 사용됩니다. 가령, 가츠오부시와 참깨를 결합한 까끄미소스는 일본 요리에서 흔히 볼 수 있는 맛의 조합입니다.

- 청주: 일본에서 요리할 때 사용하는 술로, 음식의 맛을 높이고, 특히 생선 요리에서 불쾌한 냄새를 제거하는 데 도움을 줍니다. 청주는 요리의 맛을 부드럽게 하고 은은한 단맛을 더합니다.

- 다시마: 이 해조류는 일본 요리에서 중요한 '우마미' 향을 제공합니다. 다시마는 주로 가벼운 국물을 만드는 데 사용됩니다.

- 고기, 미소, 생강, 마츠다케 : 이들은 각각 일본 요리에서 풍미를 더하는 데 사용되는 재료들입니다. 고기는 다양한 일본 요리에 사용되며, 미소는 발효된 콩을 통해 만들어진 일본의 전통적인 조미료입니다. 생강은 신선함과 매운맛을, 마츠다케(松茸, matsutake)는 일본의 자연송이로 향긋한 향이 특징적인 고급 버섯으로, 일본을 비롯한 아시아의 여러 지역에서 즐겨 먹습니다. 이 버섯은 특히 일본에서 가을의 대표적인 식재료로 각광받으며, 전통적인 일본 요리에서 중요한 역할을 합니다.

- 차완무시와 스시: 차완무시는 달걀과 다른 재료들을 함께 찜으로 만든 일본의 전통 요리이며, 스시는 일본 요리의 상징과도 같은 요리로 신선한 생선과 쌀, 식초를 사용하여 만듭니다.

이 재료들과 요리법은 일본 음식의 미묘하고 정교한 향미 프로파일을 만들어내며, 일본의 식문화를 이해하는 데 중요한 역할을 합니다.

(3) 태국의 푸드 프로파일

태국 음식은 동남아시아 요리의 다양한 향과 맛으로 유명합니다. 여기에는 여러 향신료와 허브가 사용되며, 각 재료는 요리에 특별한 특성을 부여합니다.

Food Profile **Thailand**

나라명	지방	신맛	스파이스
태국	라드, 코코넛오일 팜유, 중성 식용유	라임즙, 청주식초 쌀 발효, 증류주, 맥주	타이 바질, 칠리, 고수, 커민, 카레 페이스트, 생강, 레몬그라스, 민트, 강황, 캐러라임(라임의 일종), 갈랑갈

- 라임: 태국 요리에서 라임은 새콤한 맛을 주어 음식에 신선함을 더합니다. 태국의 유명한 요리인 파파야 샐러드(솜땀)나 똠얌 수프에서 주로 맛을 내는 데 사용됩니다.
- 코코넛 밀크: 코코넛 밀크는 태국의 카레 요리에 부드러운 질감과 은은한 단맛을 더하며, 강하고 매운맛을 중화하는 역할을 합니다.
- 정향과 생강: 이 두 가지 향신료는 태국 요리에 따뜻하고 향긋한 풍미를 추가합니다. 특히 생강은 갈랑갈과 함께 사용되어 요리에 매콤한 맛을 더하며, 정향은 향이 강한 향신료로서 주로 복합적인 향을 내는 데 사용됩니다.
- 레몬그라스와 민트: 이들은 태국 요리에 상쾌한 향을 제공합니다. 레몬그라스는 향이 강하고 시원한 맛이 나며, 특히 똠얌이나 카레 같은 수프 요리에 많이 사용됩니다. 민트는 샐러드나 음료에 상쾌한 맛을 더합니다.
- 갈랑갈: 이는 태국에서 흔히 사용되는 생강과 비슷한 뿌리채소로, 독특한 향과 약간의 매운맛이 있어 똠얌 수프와 같은 전통적인 태국 요리에 필수적인 재료입니다.
- 타이 바질과 칠리: 타이 바질은 향이 강하고 약간의 라이코리스 맛이 나며, 태국 카레나 볶음 요리에 향을 더하는 데 사용됩니다. 칠리는 태국 음식의 특징적인 매운맛을 제공합니다. 라이코리스 맛을 영어로 표현할 때는 'licorice flavor' 또는 'aniseed flavor'라고

합니다. 이 향미는 감초(Licorice) 뿌리에서 나오는 자연적인 단맛을 가리키며, 유사한 향을 가진 아니스(Anise) 또는 별모양의 아니스(Star Anise)에서도 찾아볼 수 있습니다.

- 고수와 커리 페이스트: 고수는 태국 요리에 독특한 향을 더하는 허브이며, 커리 페이스트는 태국 카레의 기본이 되는 중요한 재료로 다양한 향신료를 혼합하여 만듭니다.
- 강황: 강황은 카레에 노란색을 더하고, 약간의 향과 맛을 추가합니다. 강황은 태국의 노란 카레에 주로 사용됩니다.
- 캐피어 라임: 태국에서는 캐피어 라임의 잎이나 껍질을 사용하여 시트러스 향을 더합니다.

태국 음식은 이러한 다양한 향신료와 재료들의 조화로운 사용으로 전 세계적으로 사랑받고 있으며, 복잡하고 다채로운 맛의 균형이 특징입니다. 신선한 허브와 향신료는 태국 요리를 독특하게 만들며, 각 요리에 생동감과 심도 있는 향미를 부여합니다.

4. 음식을 통해 느끼는 멀티센서리와 감각의 중요성

음식은 단순한 맛의 경험이 아닌, 여러 감각을 통해 풍부한 즐거움과 치유를 제공해줍니다. 음식을 통한 멀티센서리 경험은 단순히 미각에 국한되지 않고, 우리의 모든 감각을 동시에 자극합니다. 이것은 음식을 더욱 풍부하고 기억에 남는 경험으로 만들어, 우리의 삶에 깊은 즐거움과 만족, 치유경험을 가져다줍니다. 멀티센서리 다이닝은 다음과 같은 특징이 있습니다.

멀티센서리 다이닝 (Multisensory Dining)

멀티센서리 다이닝은 식사 경험에서 시각, 청각, 후각, 미각, 촉각을 모두 활용하는 것을 말합니다. 이 접근법은 다음과 같은 특징이 있습니다.

- **통합적 감각 경험:** 식사는 시각적, 청각적, 후각적, 미각적, 그리고 촉각적 요소를 모두 포함하여, 각각의 감각이 서로 상호 작용하고 강화되는 방식으로 진행됩니다. 이러한 통합적 접근은 음식을 단순한 영양 섭취 이상의 것으로 만들어, 감각적 만족과 정서적 만족을 제공합니다.
- **창의적 요소의 통합:** 멀티센서리 다이닝은 예술적 요리 표현, 음악, 조명, 테이블 세팅 등을 포함하여,

음식과 환경이 하나의 조화로운 작품을 이룹니다. 이러한 창의적 요소들은 식사 경험을 더욱 특별하고 기억에 남게 만듭니다.

- **감정적 반응 유도:** 각각의 감각을 통해 다양한 감정적 반응을 유도함으로써, 식사 경험은 단순한 물리적 만족을 넘어서 정서적 만족을 제공합니다. 이러한 경험은 긍정적인 기억과 연결되어, 식사를 단순한 행위가 아닌, 감정적인 여정으로 만들어줍니다.

이러한 멀티센서리 접근은 농업과 음식치유의 가능성을 확장시키며, 우리가 음식을 통해 경험하는 쾌감과 만족은 단순한 식사를 넘어서 치유의 여정으로 이끕니다. 음식은 우리의 감각을 통해 신체적, 정신적 건강에 긍정적인 영향을 미치며, 이를 통해 우리는 삶의 질을 높일 수 있습니다.

5. 풍미층과 오페라 프레임

음식의 맛을 오페라의 구조에 비유하는 '풍미층(Layering Flavor)' 개념은 각 재료와 조리 기법이 음악적 조화를 이루는 복잡하고 섬세한 과정을 설명합니다. 이는 클래식 음식부터 현대적 음식까지 모든 요리에 적용될 수 있는 맛의 구조입니다.

고급 요리사부터 신전통주의자에 이르기까지 맛의 프로파일은 순수성과 복잡성 사이에서 다양하지만, 모든 시대를 아우르는 것은 바로 이 '레이어링'의 기술입니다. 요리사는 다양한 조리 기법과 재료의 조합을 통해 각기 다른 차원의 풍미를 창조하여 요리가 전달하는 감각적 이야기의 깊이와 변화를 만들어냅니다.

1) 풍미층(Layering Flavor)의 각각의 요소들

- 향기(Aroma): 이야기의 서막을 여는 서곡으로, 처음으로 맛의 세계로 안내합니다.
- 질감(Texture): 이야기의 발전 단계로, 음식의 구조와 리듬을 만듭니다.
- 기본 맛(Basic Tastes)과 보조 맛(Supporting Tastes): 각각의 맛이 등장하며, 이야기에 다양한 층을 추가합니다.
- 지방맛(Fat Taste): 이야기의 클라이맥스로, 강력한 만족감을 제공하는 맛입니다.
- 위각(Gastric Sensation): 이야기의 후주(Coda)로서, 내장기관에서 느껴지는 지속적인 맛의 여운입니다.

- 모든 감각(All Sensory Experiences): 대단원을 장식하며, 요리를 통해 전달되는 이야기를 완성합니다.

2) 풍미층(Layering Flavor)을 오페라의 구조에 비유

- 서곡(Overture) - 향기로 시작(Beginning with Aroma): 오페라가 향기로운 조화로 시작하듯, 요리의 향기가 첫 맛의 인상을 결정짓고 감정적 기대감을 조성합니다.
- 발전(Development) - 질감과 맛의 전개(Developing Texture and Taste): 오페라의 줄거리가 전개되듯, 다양한 질감과 기본 맛이 서서히 펼쳐지며 요리의 이야기를 구성합니다.
- 절정(Climax) - 지방맛의 등장(The Entry of Fat Taste): 지방맛은 오페라의 클라이맥스에 해당합니다. 이는 미각뿐만 아니라 내장감각을 포함하여 맛의 깊이를 더하고, 도파민을 활성화하여 강력한 만족감을 선사합니다.
- 후주(Coda) - 위각과 맛의 여운(Aftertaste and Gastric Sensation): 씹고, 삼키고, 숨을 내쉬는 동안 요리의 미묘한 향이 콧구멍까지 올라와 여운을 남기며, 내장기관에서 느끼는 감각도 중요한 역할을 합니다.
- 대단원(Finale) - 모든 감각의 통합(Integration of All Senses): 모든 감각이 완벽하게 조화를 이루며, 눈, 귀, 코, 입, 그리고 내장기관까지도 맛의 전체적인 경험에 동참합니다. 이 통합된 감각의 대단원은 소비자에게 오랜 기간 기억될 감동적인 식사 경험을 선사합니다.

3) 풍미층(Layering Flavor) 중 지방맛을 맛의 클라이맥스로 비유한 이유

지방이 갖는 맛의 특성과 그것이 인간의 미각과 정서에 미치는 강력한 영향력 때문입니다. 지방은 소 등심의 마블링처럼 음식 자체이기도 하고, 프라이드 치킨을 튀기는 기름처럼 매개체이기도 하며, 파스타 혹은 샐러드처럼 마지막에 양념처럼 사용할 수 있습니다. 지방은 음식에 깊이와 풍미를 더해주며, 때로는 다른 맛들을 강화하거나 균형을 잡아주는 중요한 역할을 합니다.

- 감각적 만족: 지방은 음식의 구조를 부드럽게 하고, 입 안에서의 질감을 개선하는 등의 물리적인 즐거움을 제공합니다. 이러한 감각적인 측면이 맛의 절정에 이르는 중요한 요소입니다.
- 도파민 활성화: 연구에 따르면, 지방 섭취는 도파민과 같은 기분 좋은 신경전달물질을 활성화하는데, 이는 즐거움과 만족감을 느끼게 합니다. 이는 클라이맥스에서 느껴지는 정서적 고조 상태와 유사합니다.
- 풍미 강화: 지방은 향과 맛이 용해되는 매개체 역할을 하여 다른 재료들의 풍미를 더욱 돋보이게 합니다. 이는 음식의 맛이 최고조에 이르는 순간을 만드는 데 기여합니다.
- 지속성: 지방은 맛의 지속성을 높여주며, 식사가 끝난 후에도 오랫동안 맛의 여운을 남깁니다. 오페라의 클라이맥스가 공연 후에도 관객의 마음에 깊은 인상을 남기는 것과 유사합니다.

4) 풍미층(Layering Flavor) 예시: 닭가슴살 시저 샐러드

닭가슴살 시저 샐러드를 만들 때 소스 제조의 결정적 지식을 적용하는 방법을 설명하겠습니다. 시저 샐러드의 중심 요소 중 하나는 그 특유의 드레싱입니다. 이 드레싱 제조 과정은 다음과 같은 단계를 포함합니다.

- 기본 맛의 설정: 시저 드레싱의 기본 맛은 앤초비(짠맛과 감칠맛), 마늘(세이버리 향), 파르메산 치즈(지방맛과 감칠맛), 레몬즙(신맛)으로 구성됩니다. 이러한 재료들은 드레싱의 기본적인 풍미의 기반을 형성합니다.

- 질감 형성: 올리브 오일과 달걀 노른자를 천천히 혼합하여 크리미하고 부드러운 질감의 드레싱을 만듭니다. 이 질감은 샐러드의 다른 구성 요소들과 잘 어우러지며, 샐러드를 더욱 풍부하고 만족스러운 식감으로 만듭니다.

- 클라이맥스 요소: 올리브 오일과 파르메산 치즈가 주는 풍부한 지방맛은 드레싱의 맛을 돋보이게 하며, 시저 샐러드에 풍부하고 깊은 맛을 더합니다.

- 보조 맛의 통합: 후추, 겨자, 워스터셔 소스를 추가하여 드레싱에 스파이시하고 복합적인 맛을 더합니다. 이러한 보조 맛들은 드레싱의 맛의 복잡성을 높이고, 샐러드에 다층적인 뉘앙스를 더합니다.

- 후각 요소의 결합: 마늘과 앤초비를 통해 드레싱에 강렬한 향을 추가하고, 이는 맛뿐만 아니라 향을 통한 후각적인 경험까지 고려하여 시저 샐러드의 풍미를 완성합니다.

이러한 과정을 통해 제조된 드레싱은 닭가슴살 시저 샐러드에 적용되어, 샐러드의 맛, 향, 질감을 결정하며 최종 제품의 풍미를 완성합니다. 이 과정은 닭가슴살 시저 샐러드가 재료를 단순히 조합한 것 이상의 맛의 깊이를 가지고 있음을 보여줍니다.

주재료

- 닭가슴살: 2조각 (약 300g)

부재료

채소

- 로메인 상추 : 1봉지
- 파르메산 치즈 : 1/2컵 (강판에 간 것)
- 크루통 : 1컵

드레싱 재료

액체류

- 신선한 레몬즙 : 1/4컵
- 올리브 오일 : 1/2컵
- 워스터셔 소스 : 1티스푼

달걀류

- 달걀 노른자 : 2개

양념류

- 디종 겨자 : 1티스푼
- 마늘 : 2쪽
- 구운 베이컨 조각 : 20그램
- 앤초비 필렛 : 4개 (선택사항)
- 소금과 후추 : 적당량

UNIT 4. 맛의 결정적 지식의 적용

이 이미지는 음식의 맛을 결정하는 요소들을 정량화하여 알고리즘 형태로 표현한 것입니다. 주식과 디저트 또는 간식을 만들 때 각각의 맛 구성을 다음과 같이 고려합니다.

1. 주식 맛의 결정적 지식

주식의 맛을 결정짓는 요소들에 대해 체계적으로 설명해드리겠습니다. 여기서 짠맛, 감칠맛, 세이버리 향, 그리고 레이어링 플레이버는 모두 주식의 맛을 풍부하게 만드는 중요한 요소들입니다. 여기서 감칠맛의 유무는 맛의 전반적인 인상과 구조에 큰 영향을 미칩니다. 감칠맛은 일반적으로 식품에 포함된 아미노산, 특히 글루타민산에 의해 발생합니다. 이는 음식의 맛을 풍부하게 하고, 다른 맛과의 조화를 이루는 역할을 합니다.

짠맛(0.9%)+세이버리 향(0.1%)+Layering flavor

- **순수한 맛의 표현:** 이 조합은 짠맛이 주도적인 역할을 하며, 세이버리 향이 강조됩니다. 여기에 레이어링 플레이버를 통해 단순함 속에서도 층이 있는 맛을 경험할 수 있습니다.

- **맛의 깊이와 간결함:** 짠맛과 세이버리 향이 결합되면, 음식의 기본적인 맛이 강조되며, 복잡하지 않으면서도 만족스러운 맛의 깊이를 제공합니다.

짠맛(0.9%)+감칠맛(0.4%)+세이버리 향(0.1%)+Layering flavor

- **복잡성의 증가:** 감칠맛의 추가는 맛의 복잡성을 증가시킵니다. 감칠맛은 짠맛과 상호 작용하여 맛의 지속성을 높이고, 음식의 전반적인 프로파일을 향상시킵니다.

- **조화로운 맛의 구성:** 감칠맛과 세이버리 향이 결합되어 더욱 입체적이고 조화로운 맛을 창출합니다. 이는 음식의 각 요소가 서로를 보완하고 풍미를 더욱 풍부하게 만드는 효과를 가져옵니다.

1) 짠맛의 기본성과 중요성(0.9%)

짠맛은 음식에 필수적인 기본 맛 중 하나로, 나트륨이 함유된 소금을 통해 제공됩니다. 짠맛은 자체적으로 음식의 맛을 강화하며, 다른 맛과의 조화를 통해 음식의 전반적인 밸런스를 조정하는 역할을 합니다. 따라서, 짠맛을 기본으로 하는 주식의 맛 구성은 음식의 기본적인 풍미를 강조하고, 간단한 식재료로도 충분히 만족스러운 맛을 제공할 수 있는 효과적인 방법입니다.

2) 감칠맛의 선택적 추가와 맛의 다양성(0.4%)

감칠맛은 일본어에서 유래된 용어로, '맛있는 맛'을 의미합니다. 주로 글루타민산이나 이노신산 등의 아미노산에서 유래하며, 특히 육류, 해산물, 일부 채소와 발효식품에서 찾아볼 수 있습니다. 감칠맛은 음식의 전반적인 맛의 깊이를 더해주며, 복합적인 맛의 조화를 이루는 데 기여합니다. 주식에 감칠맛을 추가하면 다음과 같은 효과가 있습니다. 먼저 음식의 맛이 한층 더 깊어지고 복잡해집니다. 감칠맛은 다른 맛들, 특히 짠맛과 상호 작용하여, 맛의 강도와 지속성을 높이는 역할을 합니다. 또한, 음식 간에 조화와 균형을 이루게 합니다. 감칠맛은 세이버리 향과 함께 작용하여 음식의 맛을 더욱 풍부하고 입체적으로 만들어줍니다.

3) 세이버리 향(0.1%)

세이버리 향은 주로 허브, 스파이스, 그리고 조리 과정에서 발생하는 향미로 인해 생성됩니다. 이 향은 음식에 특별한 캐릭터를 부여하며, 식욕을 자극합니다. 음식의 향은 맛을 인지하는 데 중요한 역할을 하기 때문에, 세이버리 향의 조화는 매우 중요합니다.

4) 레이어링 플레이버(Layering Flavor)의 역할

레이어링 플레이버는 여러 맛과 향이 서로를 보완하며 복잡성을 추가하는 것으로, 단순한 짠맛 위에 다양한 맛의 층을 추가하여 음식을 더욱 풍부하고 입체적으로 만듭니다. 이러한 조합은 단순한 맛의 구성 속에서도 맛의 깊이와 복잡성을 더하며, 식사를 하는 이들에게 만족스러운 식감을 선사합니다. 레이어링은 섬세한 기술이 필요하며, 맛의 밸런스를 잘 맞추는 것이 핵심입니다.

짠맛을 기본으로 하는 주식의 맛 구성은 단순하면서도 만족스러운 식사 경험을 제공하는 기본적인 출발점을 제시합니다. 여기에 세이버리 향과 레이어링 플레이버를 추가함으로써, 음식의 맛을 더욱 풍부하고 다층적으로 만들 수 있으며, 감칠맛의 선택적 추가는 맛의 복잡성과 조화로운 균형을 더욱 강조합니다. 이러한 맛의 구성은 주식을 준비하는 과정에서 다양한 선택과 조합을 가능하게 하며, 각 식사의 특성과 선호에 맞게 맞춤화할 수 있는 유연성을 제공합니다.

이렇게 주식의 맛은 감칠맛의 첨가 유무에 따라 맛의 차원이 달라집니다. 감칠맛이 없을 때는 짠맛과 세이버리 향의 순수한 조합이 돋보이는 반면, 감칠맛을 첨가하면 맛의 복잡성과 조화로운 균형이 강조되어 다채로운 맛의 경험을 제공합니다. 이러한 다양한 맛의 조합은 식사를 하는 이들에게 더욱 풍부하고 만족스러운 식감을 선사합니다.

2. 디저트 맛의 결정적 지식

단맛(10% 이상)+신맛(0.1%)+스위트 향(0.1%)+Layering flavor

디저트의 맛을 결정하는 요소들을 체계적으로 설명해드리겠습니다. 디저트에서 주로 중요한 것은 단맛, 신맛, 스위트 향, 그리고 레이어링 플레이버입니다.

1) 단맛(10% 이상)

디저트에서 단맛은 가장 핵심적인 요소 중 하나입니다. 일반적으로 설탕, 꿀, 시럽, 인공 감미료 등을 통해 단맛을 냅니다. 단맛은 디저트의 매력적인 맛을 만들어 내며, 텍스처와 구조에도 영향을 미칩니다. 디저트에서 단맛의 비율이 높은 것이 특징이지만, 너무 과도하면 다른 맛의 요소를 압도할 수 있으므로 조절이 중요합니다.

2) 신맛(0.1%)

신맛은 주로 과일산, 유기산 등으로부터 나옵니다. 신맛은 단맛과 대비되는 맛으로서, 디저트에 신선함과 깊이를 더해줍니다. 신맛의 적절한 사용은 디저트의 맛을 더욱 풍부하고 복합적으로 만들어 줍니다.

3) 스위트 향(0.1%)

스위트 향은 주로 바닐라, 시나몬, 캐러멜 등에서 나오는 향기로, 디저트의 향미를 강화하는 중요한 역할을 합니다. 이러한 향은 디저트의 전반적인 인상을 좌우하며, 맛과 함께 감각적인 만족을 제공합니다.

4) Layering Flavor

디저트에서 레이어링 플레이버는 여러 맛과 향이 층을 이루며 복합적으로 어우러지는 것을 말합니다. 단맛, 신맛, 향이 서로 조화를 이루며 복합적인 맛의 경험을 제공합니다. 예를 들어, 과일의 신맛과 크림의 부드러운 단맛이 어우러져 균형 잡힌 맛을 만들어내는 것이죠.

디저트의 맛은 이러한 다양한 요소들의 조합으로 이루어집니다. 디저트를 제작할 때는 이러한 요소들의 균형과 조화가 매우 중요하며, 각각의 맛과 향이 서로를 보완하고 강화하는 방식으로 조절해야 합니다.

| 0% | 주식의 단맛 | 10% | 디저트의 단맛 | 15% |

이 이미지는 단맛의 기준과 그에 따른 음식의 분류를 설명하고 있습니다. 그래프에 따르면 다음과 같습니다.

- 주식의 단맛은 전체 맛의 0%부터 최대 10% 사이에서 조절할 수 있습니다. 이는 주식 음식에서 단맛의 비중을 낮게 유지하여 다른 맛의 균형을 맞추는 것을 의미합니다. 주재료에 지방이 많을 경우 설탕을 사용하지 않고 소금과 향신료로 맛을 내지만, 닭고기처럼 지방이 적을 때는 설탕을 최대 10%까지 사용할 수 있습니다.

설탕을 조미료처럼 사용할 때는 소금 1에 대해 설탕을 0.5~1의 비율로 사용합니다.

주류와 함께 먹기 편한 단맛의 경우, 소금 1에 대해 설탕 7.8의 비율이 적절합니다.

- 디저트 음식의 단맛은 최소 10% 이상으로 설정됩니다. 이는 디저트가 주로 단맛에 중점을 두고 있음을 나타냅니다.

추가적으로, 단맛의 기준에 대해 설명하면 주식 음식에서는 단맛이 0%에서 시작하여 필요에 따라 최대 10%까지 사용할 수 있음을 나타냅니다. 반면, 디저트는 기본적으로 단맛이 10% 이상이며, 감칠맛이 있는 주식과 달리 단맛이 강조됩니다.

디저트를 먹을 때의 단맛은 주식의 경우보다 높은 비율로, 단맛을 더 강하게 느끼게 하며, 일반적으로 디저트는 단맛이 15%까지 올라갈 수 있습니다. 이는 사람들이 디저트로서 기대하는 단맛의 정도가 주식에 비해 상대적으로 높음을 나타냅니다.

Flavor Algorithm

음식의 맛은 기본 맛 6가지, 보조 맛 4가지 총 10가지의 맛과 신맛에서 나는 냄새, 지방에서 나는 냄새, 아로매틱에서 나는 냄새, 훈연에서 나는 냄새 등 총 4그룹의 냄새를 종합하여 맛의 균형과 목적에 맞게 음식을 제조할 수 있다.

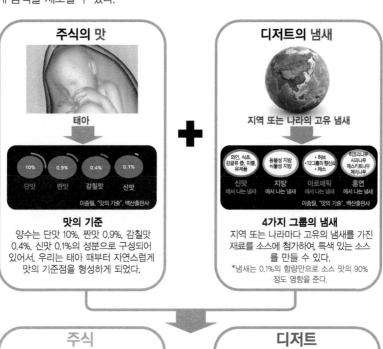

주식의 맛

태아

10%	0.9%	0.4%	0.1%
단맛	짠맛	감칠맛	신맛

이종필, "맛의 기술", 백산출판사

맛의 기준
양수는 단맛 10%, 짠맛 0.9%, 감칠맛 0.4%, 신맛 0.1%의 성분으로 구성되어 있어서, 우리는 태아 때부터 자연스럽게 맛의 기준점을 형성하게 되었다.

+

디저트의 냄새

지역 또는 나라의 고유 냄새

와인, 식초, 감귤류 즙, 파를, 유제품	동물성 지방 식물성 지방	• 허브 • 12그룹의 향신료 • 채소	히크리나무 사과나무 메스키트나무 체리나무
신맛 에서 나는 냄새	지방 에서 나는 냄새	아로매틱 에서 나는 냄새	훈연 에서 나는 냄새

이종필, "맛의 기술", 백산출판사

4가지 그룹의 냄새
지역 또는 나라마다 고유의 냄새를 가진 재료를 소스에 첨가하여, 특색 있는 소스를 만들 수 있다.

*냄새는 0.1%의 함량만으로 소스 맛의 90% 정도 영향을 준다.

주식
짠맛(0.9%)
+
감칠맛(0.4%)
+
Savory 냄새(0.1%)

 &

디저트
단맛(10% 이상)
+
신맛(0.1%)
+
Sweet 냄새(0.1%)

맛의 층 쌓기

• 짠맛 층 쌓기
발효하지 않은 재료의 짠맛
+
발효된 재료의 짠맛
Ex) 간장과 소금을 같이 사용

• 신맛 층 쌓기
발효하지 않은 재료의 신맛
+
발효된 재료의 신맛
Ex) 식초 · 시트러스를 함께 사용

• 단맛 층 쌓기
다양한 단맛 공급원의 재료 사용
Ex) 설탕과 꿀을 같이 사용

• 감칠맛 층 쌓기
글루탐산 · 구아닐산 · 이노신산을 모두 사용
Ex) 다시마, 표고버섯, 멸치와 함께 사용

*하나의 재료만으로 맛을 첨가하는 것보다, 다양한 재료를 첨가하여 맛의 층을 만들어 풍부한 맛을 표현할 수 있다.

EX. 시저드레싱

• 짠맛 층 쌓기 소금, 파마산 치즈	**• 단맛 층 쌓기** 설탕, 꿀	**• 감칠맛 층 쌓기** 파마산 치즈, 앤초비, 케이퍼, 우스터 소스	• 신맛 층 쌓기 레몬, 머스터드

4. 맛의 결정적 지식의 적용

1) 한국의 육회와 이탈리아 카르파치오

맛의 결정적 지식활용

주식(요리)의 맛 = 짠맛 〉감칠맛 〉세이버리 향

한국의 육회

이탈리아 카르파치오

⚜ **한국 육회**
(100g 제조 시 필요한 재료)

- 소고기(안심 또는 등심) 100g
- 간장 1티스푼(약 5mL)
- 참기름 1/2티스푼(약 2.5mL)
- 깨 1/2티스푼(약 2.5mL)
- 설탕 1/2티스푼(약 2.5g)
- 마늘(다진 것) 1/4티스푼(약 1.25mL)
- 파(다진 것): 1티스푼(약 5mL)
- 배(간 것) 1테이블스푼(약 15mL)
- 신선한 채소(상추, 오이 등) 적당량

⚜ **이탈리아 카르파치오**
(100g 제조 시 필요한 재료)

- 소고기(안심) 100g
- 올리브 오일 1테이블스푼(약 15mL)
- 파르메산 치즈(가루 형태)
  1테이블스푼(약 15g)
- 레몬즙 1/2티스푼(약 2.5mL)
- 케이퍼 1/2티스푼(약 2.5mL)
- 신선한 허브(바질, 로즈메리 등) 적당량
- 루콜라(아루굴라) 1/2컵(약 10g)
- 소금과 후추 약간

한국 육회와 이탈리아 카르파치오는 주식으로 분류되며, 맛의 결정적 요소를 기반으로 하는 두 요리는 각각의 문화적 맥락에서 독특한 맛의 조화를 이룹니다. 주식의 맛 구성은 짠맛, 감칠맛, 세이버리 향, 지방맛 그리고 보조 맛으로 나뉘며, 이를 통해 각 요리의 특색을 드러냅니다.

⑴ 한국의 육회

한국의 육회는 전통적인 한국 요리로, 주로 생고기를 얇게 썰어 한국 양념과 함께 무쳐서 먹는 음식입니다.

- 짠맛(0.9%): 간장과 연두의 조합으로 짠맛의 기준을 충족시키며, 요리에 필수적인 맛의 균형을 마련합니다.
- 감칠맛(0.4%): 고기 본연의 맛과 간장과 연두의 조화로 감칠맛을 강조하며, 이는 육회의 풍미를 깊게 합니다.
- 세이버리 향(0.1%): 마늘과 파, 그리고 향신료의 사용으로 세이버리 향을 강화합니다.
- 지방맛: 참기름은 전통적인 한국 기름으로서 육회에 고소함과 향을 부여하고, 맛의 깊이를 더합니다.
- 보조 맛: 배와 신선한 채소를 사용하여 단맛과 신맛을 조절하고, 이는 맛의 복합성을 높입니다.

⑵ 이탈리아 카르파치오

이탈리아 카르파치오는 매우 얇게 썬 생고기를 기본으로 하는 요리로, 고기 위에 각종 토핑을 얹어 먹는 전통적인 이탈리아 애피타이저입니다.

- 짠맛(0.9%): 파르메산 치즈, 그리고 캐퍼스로 짠맛을 부여하여 요리의 기본 맛을 형성합니다.
- 감칠맛(0.4%): 카르파치오는 신선한 고기와 파르메산 치즈의 숙성으로 인한 자연스러운 감칠맛을 제공합니다.
- 세이버리 향(0.1%): 허브와 고기의 조화로 이루어진 세이버리 향이 요리의 정교함을 더합니다.
- 지방맛: 올리브 오일은 이탈리아에서 지방맛의 중요한 출처로, 카르파치오에 이탈리아의 향과 부드럽고 섬세한 맛을 제공합니다.
- 보조 맛: 레몬 즙과 발사믹 식초를 활용하여 신맛을 추가하고, 아르굴라와 같은 채소를 사용하여 맛의 다층성을 끌어올립니다.

2) 한국의 숯불 춘천 닭갈비와 프랑스 치킨 스테이크

맛의 결정적 지식활용

주식(요리)의 맛 = 짠맛 〉 감칠맛 〉 세이버리 향

한국의 숯불 춘천 닭갈비

❋ 재료(100g 제조 시 필요한 재료)

- 닭다리살 100g
- 소금 약 1/4티스푼 (약 1.25g)
- 참치액젓 1/2티스푼 (약 2.5mL)
- 연두 1/2티스푼 (약 2.5mL)
- 참기름 1/2티스푼 (약 2.5mL)
- 마늘(다진 것) 1/2티스푼 (약 2.5mL)
- 태운 대파 1테이블스푼 (약 15mL)
- 생강(다진 것) 1/4티스푼 (약 1.25mL)
- 설탕 약 7~8티스푼 (약 35~40g)
- 카레가루 1/2티스푼 (약 2.5mL)
  (또는 취향에 따라 조절)
- 케첩 1테이블스푼 (약 15mL)
  (또는 취향에 따라 조절)

프랑스 치킨 스테이크

❋ 재료(100g 제조 시 필요한 재료)

- 닭다리살 100g
- 소금 약 1/4티스푼 (약 1.25g)
- 우스터 소스 1티스푼 (약 5mL)
- 버터 1테이블스푼 (약 15g)
- 신선한 허브(타임, 로즈메리 등) 약간
- 마늘(다진 것) 1/2티스푼 (약 2.5mL)
- 레몬즙 1/2티스푼 (약 2.5mL)
- 화이트 와인 1테이블스푼 (약 15mL)
- 후추 약간

한국의 숯불 춘천 닭갈비와 프랑스 치킨 스테이크 요리는 각각 한국과 프랑스의 요리 문화를 대표하는데, 비슷해 보이는 재료를 사용하면서도 각각 독특한 조리 방식과 맛을 가지고 있습니다.

(1) 한국의 숯불 춘천 닭갈비

춘천 닭갈비는 한국 강원도 춘천의 대표적인 음식입니다. 일반적으로 닭고기를 뼈째 잘라 양념에 재워 놓았다가 숯불에 구워 먹는 요리입니다.

이 요리의 핵심은 강렬한 양념과 숯불에서 오는 불맛입니다. 닭고기는 한국의 대표 양념인 소금, 고추장, 간장 등으로 만든 양념에 재워져 깊은 맛을 내며, 숯불에서 구워지면서 훈연의 향이 추가됩니다.

■주요 맛 요소
- 짠맛(0.9%): 소금 마리네이드로 짠맛을 설정합니다.
- 감칠맛(0.4%): 참치액젓과 연두를 활용하여 감칠맛을 제공합니다.
- 세이버리 향(0.1%): 대파를 태워서 불냄새를 추가하고, 마늘과 생강을 사용하여 세이버리 향을 강화합니다.
- 지방맛: 닭고기 자체의 지방과 참기름을 사용합니다.
- 단맛(7.8%): 짠맛에 비해 1:7.8의 비율로 설탕을 추가하여 단맛을 조절합니다.
- 보조 맛: 카레가루나 케첩을 소량 사용하여 맛의 조화를 이룹니다.

(2) 프랑스 치킨 스테이크

프랑스의 치킨 스테이크는 보다 정제된 조리법으로 만들어집니다. 일반적으로 부드럽게 두드린 닭 가슴살을 사용하여, 겉은 바삭하고 안은 부드러운 질감을 냅니다.

프랑스 요리에서는 허브와 버터, 와인을 이용한 소스로 맛을 내는 것이 특징입니다. 이렇게 만들어진 소스는 닭고기의 부드러움을 강조하고, 허브의 향긋함을 더합니다.

치킨 스테이크는 주로 구운 채소, 감자 퓌레 등과 함께 제공되며, 심플하면서도 섬세한 맛의 조화가 특징입니다.

■ **주요 맛 요소**

- 짠맛(0.9%): 소금으로 기본적인 맛을 형성합니다.

- 감칠맛(0.4%): 우스터 소스를 사용하여 감칠맛을 더합니다.

- 세이버리 향(0.1%): 신선한 허브와 마늘을 사용하여 세이버리 향을 더합니다.

- 지방맛: 버터와 닭고기 자체의 지방으로 지방맛을 강조합니다.

- 단맛(7.8%): 프랑스 요리에서는 일반적으로 단맛을 많이 사용하지 않으므로 이 비율은 적용하지 않습니다.

- 보조 맛: 마리네이드에 레몬즙과 화이트 와인으로 신맛을 추가하고, 후추로 향미를 조절합니다.

5. 맛, 질감, 외관에 다양한 변화를 주는 조리방법

1) 건열조리(Dry Heat Cooking, without Fat and Oil: 지방과 오일 없이)

(1) 공기 건조/탈수(Air Drying/Dehydrating)

공기 건조 또는 탈수는 공기를 이용해 음식의 수분을 제거하는 방법입니다. 이 과정은 식품의 보존 기간을 연장하고, 맛과 영양을 집중시키는 데 도움이 됩니다. 공기 건조/탈수의 주요 특징과 과정은 다음과 같습니다.

- 수분 제거: 탈수의 주목적은 식품의 수분을 제거하는 것입니다. 수분이 제거되면 박테리아, 곰팡이, 효모와 같은 미생물의 성장이 억제되어 식품의 보존 기간이 길어집니다.
- 저온 건조: 공기 건조는 주로 상온 또는 약간 따뜻한 환경에서 이루어집니다. 이 방법은 햇볕이나 특별한 건조 장비 없이 자연스러운 공기 순환을 이용합니다.
- 탈수기 사용: 상업적으로는 탈수기를 사용하여 과일, 채소, 고기, 허브 등 다양한 식품을 효율적으로 건조합니다. 탈수기는 일정한 온도를 유지하고 공기를 순환하여 식품을 균일하게 건조합니다.
- 맛과 영양 집중: 탈수 과정은 식품의 맛과 영양소를 더욱 끌어올립니다. 수분이 제거되면서 식품의 향과 맛이 강화됩니다.
- 다양한 식품 적용 가능: 과일, 채소, 육류, 허브 등 다양한 식품에 탈수 방법을 적용할 수 있습니다. 건조된 식품은 스낵, 요리 재료, 보존 식품 등으로 사용됩니다.
- 장기 보존 가능: 탈수된 식품은 적절히 보관하면 장기간 보존할 수 있습니다. 이는 등산, 캠핑, 장기 보관 식품 준비 등에 유용합니다.

공기 건조나 탈수 방법은 식품의 맛과 영양을 보존하면서도 식품의 안전성을 높이고, 보관 기간을 연장하는 효과적인 방법입니다. 가정에서 간단하게 사용할 수 있으며, 상업적으로도 널리 활용됩니다.

(2) 핫 스모킹(Hot Smoking)

핫 스모킹은 육류와 생선을 훈제하여 풍미를 더하고 보존하는 조리 방법입니다. 이 방법은 열을 이용해 식품을 동시에 조리하고 훈제하는 것이 특징입니다. 핫 스모킹의 주요 특징과 과정은 다음과 같습니다.

- 열과 연기 사용: 핫 스모킹은 고온(보통 52℃ 이상)에서 실시되며, 식품은 열과 연기에 직접 노출됩니다. 이 과정은 식품을 익히면서 동시에 훈제 향을 부여합니다.
- 목재 칩 선택: 훈제에 사용되는 목재 칩의 종류에 따라 다양한 풍미를 낼 수 있습니다. 예를 들어, 사과나 체리 나무는 달콤한 훈제 향을, 오크나 히코리는 더 강한 향을 제공합니다.

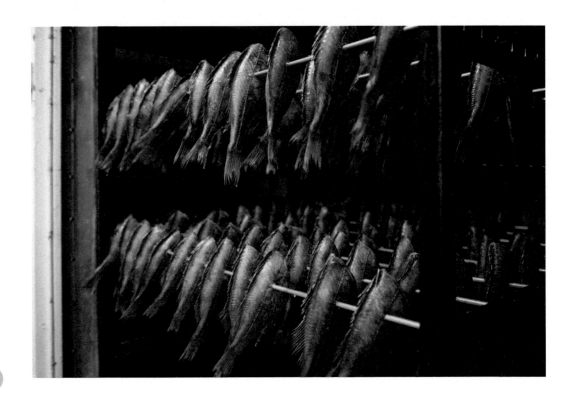

- 육류와 생선의 훈제: 핫 스모킹은 특히 육류와 생선에 적합합니다. 이 방법으로 처리된 식품은 훈제 향이 풍부하고, 질감이 부드럽습니다.
- 보존성 향상: 훈제 과정은 식품의 보존성을 높여줍니다. 연기 중의 화합물이 식품을 방부하고 색을 보존하는 데 도움을 줍니다.
- 맛과 질감 개선: 핫 스모킹은 식품에 독특한 훈제 맛을 부여하며, 동시에 수분을 적절히 유지하여 부드러운 질감을 만듭니다.
- 긴 조리 시간: 핫 스모킹은 몇 시간에서 하루 이상 걸릴 수 있으며, 이는 스모킹하려는 식품의 종류와 크기에 따라 달라집니다.

핫 스모킹은 전통적인 요리 방식으로, 고유한 풍미와 질감을 식품에 부여하는 효과적인 방법입니다. 이 방식으로 준비된 식품은 독특한 훈제 향과 맛으로 많은 사람들에게 사랑받습니다.

(3) 바비큐(Barbecuing)

바비큐는 숯불이나 목재 연료를 사용하여 음식을 천천히 굽는 전통적인 조리 방법입니다. 이 방식은 고기를 주로 사용하며, 긴 조리 시간과 저온에서의 조리를 통해 풍부한 맛과 부드러운 질감을 만들어냅니다. 바비큐의 주요 특징과 과정은 다음과 같습니다.

- 저온 조리: 바비큐는 일반적으로 저온(약 90℃에서 140℃ 사이)에서 실시됩니다. 이 저온에서 오랜 시간 동안 음식을 조리하면 고기가 매우 부드럽고 촉촉하게 익습니다.
- 직접 및 간접 열 사용: 바비큐는 직접적인 열보다는 간접적인 열을 이용하여 음식을 천천히 익힙니다. 이는 고기가 고르게 익으면서도 겉이 타지 않게 합니다.
- 훈제 향 추가: 숯불이나 목재를 사용하는 바비큐는 음식에 독특한 훈제 향을 부여합니다. 사용되는 목재 종류에 따라 다양한 훈제 향을 낼 수 있습니다.
- 긴 조리 시간: 바비큐는 몇 시간에서 하루 이상 걸릴 수 있습니다. 이는 고기의 질긴 부위를 부드럽게 익히고 육즙을 풍부하게 합니다.
- 다양한 고기 사용: 바비큐는 돼지고기, 소고기, 양고기, 닭고기 등 다양한 고기를 사용할 수 있습니다. 특히, 갈비, 어깨살, 가슴살 등이 인기 있는 부위입니다.

■ **마리네이드(Marinade)와 러브(Rub) 사용:** 고기를 바비큐하기 전에 마리네이드나 러브 (건조한 향신료 혼합물)로 양념하여 추가적인 맛을 부여할 수 있습니다.

• 마리네이드(Marinade)
- 마리네이드는 고기를 양념하는 액체 혼합물로, 일반적으로 오일, 식초, 허브, 향신료, 때로는 과일 주스를 포함합니다.
- 마리네이드의 목적은 고기에 맛을 추가하고 부드럽게 하는 것입니다. 산성 성분(예: 식초, 레몬 주스)이 고기의 단백질을 약간 분해하여 더 부드러운 질감을 만듭니다.
- 고기를 마리네이드에 담가두는 시간은 몇 시간에서 하룻밤 정도가 일반적입니다. 이 시간은 고기의 종류와 원하는 맛의 강도에 따라 조절할 수 있습니다.

• 러브(Rub)
- 러브는 건조 향신료와 허브의 혼합물로, 고기의 표면에 문지르는 데 사용됩니다. 때로는 소금과 설탕도 포함될 수 있습니다.
- 러브의 목적은 고기에 깊은 풍미를 주고, 조리 중에 맛있는 겉면을 형성하는 것입니다.
- 러브는 조리 직전에 고기에 바르거나, 더 강한 맛을 위해 몇 시간 전에 바를 수 있습니다.
- 러브는 특히 바비큐할 때 많이 사용하며, 고기에 풍부한 맛과 바삭한 표면을 만들어 줍니다.
- 마리네이드와 러브는 바비큐에서 고기의 맛을 극대화하는 데 중요한 역할을 합니다. 두 방법 모두 고기에 다른 맛과 질감을 더하며, 바비큐 요리의 풍미를 향상하는 데 큰 도움이 됩니다.

바비큐는 그 특유의 조리 방식과 풍미로 전 세계적으로 사랑받는 요리 방법입니다. 야외 모임이나 파티에서 인기가 높으며, 많은 사람들이 즐기는 음식 문화의 일부가 되었습니다.

(4) 베이킹(Baking)

베이킹은 오븐에서 건조한 공기의 대류를 이용하여 음식을 굽는 조리 방법입니다. 이 방식은 빵, 케이크, 쿠키, 파이, 그리고 다양한 디저트 및 간식뿐만 아니라 육류, 생선, 채소와 같은 주식을 조리하는 데에도 사용됩니다. 베이킹의 주요 특징과 과정은 다음과 같습니다.

- 일정한 온도 조절: 베이킹은 정확한 온도 조절이 중요합니다. 레시피마다 요구되는 특정한 온도가 있으며, 이는 음식이 제대로 익고, 구조가 형성되도록 하는 데 필수적입니다.
- 건조한 열의 사용: 오븐 내부의 건조한 열은 음식을 고르고 균일하게 굽습니다. 오븐의 열은 음식의 수분을 증발시키며, 이는 빵이나 케이크가 부풀어 오르고, 겉은 바삭하게 익도록 합니다.
- 화학적, 물리적 변화: 베이킹 과정에서는 재료의 화학적 및 물리적 변화가 일어납니다. 예를 들어, 빵 반죽은 발효와 열에 의해 부풀어 오르고, 설탕과 지방은 케이크나 쿠키에 부드러움과 풍미를 더합니다.

- 다양한 재료 사용: 베이킹에는 다양한 종류의 재료가 사용됩니다. 밀가루, 설탕, 버터, 달걀, 발효제(예: 베이킹파우더, 베이킹 소다) 등이 일반적입니다.
- 시간 관리: 베이킹은 정확한 시간 관리가 필요합니다. 지나치게 오래 굽거나 온도가 높으면 음식이 탈 수 있으므로, 레시피에 명시된 시간과 온도를 정확히 따르는 것이 중요합니다.
- 다양한 조리 용도: 베이킹은 단순히 빵이나 케이크를 만드는 데 그치지 않고, 육류나 채소를 익히는 데에도 사용됩니다. 예를 들어, 오븐에서 닭이나 채소를 굽기도 합니다.

베이킹은 조리의 기본적인 형태 중 하나로, 많은 가정과 전문 주방에서 널리 사용됩니다. 이 방법은 음식에 독특한 맛과 질감을 부여하며, 다양한 종류의 요리를 만들 수 있어 매우 유용합니다.

(5) 로스팅(Roasting)

로스팅은 육류나 가금류를 통째로 또는 크게 잘라 오븐에서 굽는 조리 방법입니다. 이 방식은 오븐 내의 건조한 열을 이용하여 음식의 겉은 바삭하고 속은 촉촉하게 익히는 것을 목표로 합니다. 로스팅의 주요 특징과 과정은 다음과 같습니다.

- 고온에서의 조리: 로스팅은 일반적으로 높은 온도(약 150℃ 이상)에서 이루어집니다. 이는 음식의 겉면을 빠르게 갈색화하며, 속은 천천히 익히는 데 도움이 됩니다.
- 표면 갈색화: 로스팅 과정에서 음식의 표면에는 맛있는 갈색화가 이루어집니다. 이는 마이야르 반응이라는 화학 과정을 통해 발생하며, 음식에 특유의 풍미와 향을 부여합니다.
- 육류와 가금류에 적합: 로스팅은 특히 육류(예: 소고기, 양고기, 돼지고기)와 가금류(예: 치킨, 칠면조)에 적합합니다. 큼직하게 잘라서 혹은 통째로 조리할 수 있습니다.
- 마리네이드, 러브 사용: 종종 고기를 로스팅하기 전에 마리네이드나 러브로 양념하여 추가적인 맛을 부여합니다.
- 간접 열 조리: 오븐에서 로스팅은 간접 열을 이용합니다. 이는 열이 오븐 내부를 순환하며 음식을 고르게 조리하도록 해줍니다.
- 수분 유지: 로스팅은 음식 내부의 수분을 유지하면서도 바깥쪽을 바삭하게 만듭니다. 이는 특히 고기가 건조해지는 것을 방지하며, 육즙을 풍부하게 만듭니다.

로스팅은 다양한 식재료를 사용하여 다양한 요리를 만들 수 있는 범용적인 조리 방법입니다. 이 방법은 특별한 날 또는 가족 모임에 인기 있는 요리 방식으로, 고기의 풍부한 맛과 바삭한 표면을 즐길 수 있게 해줍니다.

(6) 그릴링(Grilling)

그릴링은 가열된 철판 또는 그릴 위에서 음식을 굽는 조리 방법입니다. 이 방식은 주로 열원을 사용하여 음식의 겉면을 빠르게 갈색화시키고, 속은 적절히 익히는 것을 목표로 합니다. 그릴링의 주요 특징과 과정은 다음과 같습니다.

- 직접 열 사용: 그릴링은 음식을 직접 열원 위에 놓아 빠르게 조리합니다. 이는 음식의 겉면에 바삭한 질감과 그릴 특유의 줄무늬를 만듭니다.
- 높은 온도에서의 조리: 그릴링은 일반적으로 높은 온도에서 이루어지며, 이는 음식이 빠르게 조리되고 맛있는 갈색화가 일어나게 합니다.
- 다양한 식재료 적용: 그릴링은 육류, 가금류, 생선, 채소, 심지어 일부 과일까지 다양한 식재료에 적용할 수 있습니다.

자연의 치유식탁

- 풍미와 질감 부여: 그릴링은 음식에 특유의 훈제 향과 바삭한 질감을 부여합니다. 특히 고기의 경우, 그릴링은 고기의 겉면을 빠르게 익혀 육즙을 보존합니다.
- 간편하고 빠른 조리: 그릴링은 비교적 간편하고 빠른 조리 방법으로, 빠른 열과 열원과의 직접적인 접촉을 통해 음식을 신속하게 조리합니다.
- 야외 활동과 연계: 그릴링은 야외 활동과 바비큐 파티에서 특히 인기 있는 조리 방법입니다. 가족이나 친구들과 함께 즐기는 활동으로 널리 사랑받습니다.

그릴링은 빠르고 효율적인 조리 방법으로, 음식에 독특한 맛과 향을 더하며, 다양한 식재료를 사용하여 다채로운 요리를 만들 수 있습니다. 이 방식은 특히 여름철 야외에서의 식사에 적합합니다.

(7) 토칭(Torching)

한국어로는 '토치를 사용한 조리법'이라고 할 수 있습니다. 요리에서 토치를 사용하는 방법은 매우 다양하지만, 주로 표면을 빠르게 가열하여 캐러멜라이징(Caramelizing) 효과를 주거나 바삭한 질감을 만들기 위해 사용합니다.

- 장비 선택: 토치에는 주방용 토치와 산업용 토치가 있습니다. 주방용 토치는 크기가 작고, 섬세한 작업에 적합합니다. 산업용 토치는 더 강력하지만, 조리에 사용하기에는 너무 클 수도 있습니다.
- 안전: 토치를 사용할 때는 안전이 가장 중요합니다. 토치를 사용할 때는 가연성 물질을 멀리하고, 항상 주의 깊게 사용해야 합니다.
- 조리법: 토치를 사용하는 가장 대표적인 예로는 크렘 브륄레(Crème Brûlée)의 상단을 캐러멜라이즈하는 것입니다. 토치로 설탕을 녹여 바삭한 황금색의 층을 형성할 수 있습니다. 또한, 스시나 스테이크의 표면을 빠르게 익혀주는 데에도 사용됩니다.
- 기술: 토치를 사용할 때는 일정한 거리를 유지하며, 음식물의 표면을 균일하게 가열하는 것이 중요합니다. 너무 가까이에서 오래 가열하면 탈 수 있으니 주의해야 합니다.

토치를 사용한 요리는 맛과 향, 질감의 변화를 가져와서, 음식에 깊이와 복잡성을 더해줍니다.

(8) 브로일링(Broiling)

브로일링은 주로 오븐의 상단에 위치한 열원을 사용하는 조리 방법입니다. 일반적으로 브로일 설정에서는 오븐의 상단 히터가 활성화되어, 고온의 열을 음식에 직접 가합니다. 하단 열원은 이 과정에 일반적으로 사용되지 않습니다. 이 방법은 오븐 내부의 상단 부분에 위치한 열원에서 나오는 강한 열을 이용하여, 음식의 상단 표면을 빠르고 강하게 가열합니다. 이를 통해 음식의 겉면은 바삭하게 갈색으로 변하며, 좋은 맛과 질감을 만들어냅니다. 브로일링은 특히 스테이크, 생선, 채소와 같은 식품에 적합하며, 겉은 바삭하고 속은 촉촉하게 유지할 수 있는 조리 방법입니다. 브로일링은 조리 시간이 짧고 고온에서 이루어지기 때문에, 음식이 타지 않도록 주의 깊게 감시하며 조리해야 합니다. 살라만더(salamander)는 브로일링에 특화된 조리 장비로, 특히 전문 주방에서 자주 사용됩니다. 살라만더는 전통적인 오븐보다 더 집중된 고온을 제공하여, 식품의 상단을 빠르게 그리고 고르게 갈색으로 만들 수 있습니다.

■ 브로일링의 기본 방법

• 온도 설정: 대부분의 오븐에는 'Broil' 설정이 있습니다. 이 설정은 오븐 내부의 최상단 부

자연의 치유식탁

분에서 고온의 열을 발산합니다.

- 오븐 선반 위치 조정: 브로일링을 할 때는 오븐 선반을 가장 위쪽으로 조정하여 음식이 열원에 가까워지도록 합니다. 이는 음식의 표면에 직접적인 열을 가해 갈색으로 만들고, 바삭한 텍스처를 생성합니다.
- 음식 준비: 음식을 오븐용 그릴 또는 팬에 올려서 준비합니다. 고기나 생선의 경우, 양념을 해서 올리면 더욱 맛있게 조리할 수 있습니다.
- 조리 시간과 관찰: 브로일링은 매우 빠른 조리 방법이므로, 음식을 계속 지켜보는 것이 중요합니다. 조리 시간은 음식의 종류와 두께에 따라 달라질 수 있습니다.
- 뒤집기: 고르게 조리되도록 음식을 한 번씩 뒤집어야 합니다.

■ 브로일링의 장점과 주의사항

- 장점: 브로일링은 신속하게 음식을 조리할 수 있으며, 특히 고기의 경우 외부는 바삭하고 내부는 촉촉하게 유지합니다.
- 주의사항: 브로일링은 매우 빠른 조리 방법이므로, 음식이 타지 않도록 주의해야 합니다. 또한, 과도한 연기가 발생할 수 있으므로 환기가 잘 되는 주방에서 사용하는 것이 좋습니다.

브로일링으로 다양한 식재료의 풍미를 증진하고, 빠르고 효율적인 조리를 경험할 수 있습니다. 요리의 질감과 맛을 향상하는 데에도 큰 도움이 됩니다.

2) 건열조리(Dry Heat Cooking, with Fat and Oil: 지방과 오일을 사용하여)

(1) 스웨팅(Sweating)

건열조리는 음식 자체의 수분을 이용하여 조리하는 방법입니다. 스웨팅(Sweating)은 조리 과정에서 음식, 특히 채소의 자연적인 수분과 향을 이용하여 부드럽고 풍미 있는 결과를 얻는 방법입니다. 이 방법은 특히 소스, 수프, 스튜와 같은 요리에서 기본적인 맛을 형성하는 데 중요한 역할을 합니다. 스웨팅 과정은 다음과 같습니다.

- 낮은 열 사용: 음식을 스웨팅할 때는 중간에서 낮은 열을 사용합니다. 이는 음식이 빠르게 익거나 타지 않도록 해줍니다.
- 적은 양의 지방질 사용: 보통 버터나 올리브 오일 같은 적은 양의 지방질을 팬에 두르고, 음식을 넣습니다. 지방질은 음식이 팬에 달라붙지 않도록 도와주며, 음식에서 자연적으로 나오는 향을 더욱 부각합니다.
- 덮개를 이용한 조리: 음식 위에 덮개를 덮어서 조리하는 것이 중요합니다. 이는 팬 안에 습기를 가두어 음식이 그 자체의 수분으로 부드럽게 익도록 합니다.
- 자주 젓기: 음식이 고르게 익고 타지 않도록 주기적으로 저어줍니다.

스웨팅은 주로 양파, 마늘, 셀러리, 당근과 같은 향신 채소에 사용됩니다. 이 방법은 채소의 맛과 향을 끌어내어 깊고 풍부한 맛을 요리에 더해줍니다. 스웨팅은 채소를 투명하고 부드럽게 만들지만, 색을 변하게 하거나 갈색으로 만들지는 않습니다. 이는 채소가 자연스럽게 수분을 방출하면서 천천히 익기 때문입니다. 스웨팅은 특히 복잡한 향미를 구축하는 요리에서 중요한 단계로, 요리의 깊이와 복합적인 맛을 만드는 데 기여합니다.

(2) 시어링(Searing)

시어링은 실제로 요리에서 매우 중요한 기술 중 하나입니다. 시어링은 음식의 겉면을 고온에서 빠르게 굽는 조리 방법으로, 풍부한 색과 풍미를 내는 데 사용됩니다. 이 방법은 주로 고기나 생선과 같은 단백질 식품에 사용되며, 맛있고 바삭한 겉면을 만들어내는 데 효과적입니다.

■ 시어링의 기본 방법

- 고온 준비: 시어링을 위해서는 프라이팬이나 스켈렛(프라이팬)을 매우 뜨겁게 예열해야 합니다. 이때 사용되는 온도는 일반적인 조리 온도보다 훨씬 높습니다.
- 음식 준비: 시어링할 음식은 건조해야 합니다. 표면에 수분이 있으면 제대로 시어링되지 않을 수 있습니다. 고기의 경우, 소금과 후추로 시즈닝을 간단하게 할 수 있습니다.
- 조리: 음식을 뜨거운 팬에 올리고, 한쪽 면이 갈색으로 변할 때까지 굽습니다. 이후 반대편도 같은 방법으로 굽습니다.
- 제한된 조리 시간: 시어링은 매우 빠른 과정입니다. 음식이 타지 않도록 주의하며 빠르게 작업해야 합니다.

■시어링의 장점

• 맛과 질감: 시어링은 음식의 겉면에 맛있는 갈색 크러스트를 만들어내며, 이는 음식의 맛과 질감을 크게 향상합니다.

• 마이야르 반응: 고온에서 단백질과 당이 반응하여 맛있는 풍미가 만들어지는 마이야르 반응이 일어납니다.

• 주스 보존: 시어링은 음식의 겉면을 빨리 밀봉하여 내부의 주스를 보존하는 데 도움을 줍니다.

■주의사항

• 과열 주의: 시어링은 고온에서 진행되므로, 음식이 타지 않도록 각별한 주의가 필요합니다.

• 환기: 강한 열을 사용하기 때문에 연기가 많이 발생할 수 있으므로, 환기를 충분히 해야 합니다.

시어링은 요리의 풍미와 질감을 극대화하는 데 중요한 역할을 하며, 특히 스테이크나 생선과 같은 단백질 식품에 효과적인 조리 방법입니다.

(3) 글레이징(Glazing)

글레이징은 요리에서 맛과 표면의 외관을 향상시키는 중요한 기법입니다. 글레이징은 설탕, 버터, 꿀, 주스, 육수 등 다양한 액체와 결합된 물질을 사용하여 음식의 표면에 광택과 풍미를 더하는 방법입니다. 이 기법은 고기, 생선, 채소 및 디저트 등 다양한 종류의 음식에 사용될 수 있습니다.

■ **글레이징의 기본 방법**

- 글레이즈 준비: 글레이즈를 만들기 위해 설탕, 버터, 꿀, 소스, 주스 등의 재료를 선택합니다. 재료는 음식의 종류와 맛에 따라 달라질 수 있습니다.
- 조리: 조리 중이거나 조리가 끝난 음식에 글레이즈를 바릅니다. 이때, 글레이즈는 음식의 표면에 고르게 퍼져야 합니다.
- 글레이즈 가열: 글레이즈를 바른 음식을 오븐이나 스토브에서 가열하여 글레이즈가 음식에 잘 밀착되고 광택이 나게 합니다.
- 레이어링: 글레이징 과정을 여러 번 반복하여 더 많은 풍미와 광택을 더할 수 있습니다.

■ **글레이징의 장점**

- 맛과 외관 향상: 글레이징은 음식에 풍부한 맛과 광택을 더해줍니다.
- 풍미 강화: 다양한 재료를 결합한 글레이즈는 음식에 추가적인 풍미를 제공합니다.
- 질감 변화: 글레이즈가 캐러멜라이징 되면서 음식의 겉면에 바삭한 질감을 만들 수 있습니다.

■ **주의사항**

- 글레이즈의 균형: 글레이즈의 양과 종류는 음식의 종류와 맛에 맞게 조절해야 합니다.
- 과도한 가열 방지: 글레이즈를 너무 오래 가열하면 탈 수 있으므로 주의가 필요합니다.

글레이징은 요리의 맛과 외관을 한층 더 향상하는 데 효과적인 기법으로, 전문 셰프뿐만 아니라 가정에서도 널리 활용될 수 있습니다.

(4) 스터 프라잉(Stir-frying)

스터 프라잉은 높은 온도에서 소량의 기름을 사용하여 음식을 빠르게 볶는 중국 요리 방법입니다.

- 특징: 빠른 조리 속도, 신선한 재료의 맛과 영양 보존, 균일한 열 분포를 위해 지속적으로 재료를 저어줘야 합니다. 주로 중국식 웍(Wok)에서 이루어집니다.

(5) 그리들 쿠킹(Griddle cooking)

그리들 쿠킹은 평평한 철판을 가열하여 음식을 조리하는 방법입니다.

- 특징: 균일한 열 분포, 음식의 직접적인 접촉으로 인한 겉면의 바삭함, 팬케이크, 버거, 스테이크 등의 조리에 적합합니다.

(6) 딥 프라잉(Deep frying)

딥 프라잉은 음식을 충분한 양의 오일에 완전히 잠긴 상태에서 튀기는 방법입니다.

- 특징: 고온의 오일에서 신속한 조리, 겉은 바삭하고 속은 부드러운 질감, 감자튀김, 도넛 등에 적합합니다.

· 스터 프라잉(Stir-frying)　　· 그리들 쿠킹(Griddle cooking)　　· 딥 프라잉(Deep frying)

자연의 치유식탁

(7) 팬 프라잉(Pan frying)

팬 프라잉은 팬에 기름을 넣고 음식을 굽는 방법입니다. 팬 프라잉은 가정과 전문 주방에서 널리 사용되는 기본적이면서도 매우 중요한 요리 방법입니다. 이 방법은 다음과 같은 특징을 가지고 있습니다.

■ 팬 프라잉의 정의 및 방법

- 정의: 팬 프라잉은 팬에 적당량의 기름을 넣고, 중간에서 높은 온도에서 음식을 굽는 방법입니다.
- 방법: 팬을 예열한 후, 적당량의 기름을 넣고 음식을 굽습니다. 음식은 팬의 바닥에 완전히 접촉해야 하며, 골고루 익도록 중간에 뒤집어야 합니다.

■팬 프라잉의 특징

• 질감과 맛: 팬 프라잉은 음식의 겉면을 바삭하게 만들면서 내부는 촉촉하게 유지합니다. 이는 특히 스테이크, 닭 가슴살, 생선요리에 적합합니다.

• 열 분포: 팬은 열 분포가 균일하여 음식이 고르게 조리될 수 있도록 돕습니다.

• 기름 사용: 딥 프라잉에 비해 상대적으로 기름을 적게 사용합니다. 이는 음식이 기름에 완전히 잠기지 않고, 팬의 바닥에만 닿도록 하는 방식입니다.

■주의사항

• 온도 조절: 너무 높은 온도에서 조리하면 음식이 바깥쪽은 타고 안쪽은 제대로 익지 않을 수 있으므로, 적절한 온도 조절이 중요합니다.

• 음식의 두께: 두꺼운 음식은 겉은 바삭하게, 속은 적절히 익도록 조리하는 것이 좋습니다. 필요하다면 오븐에서 마무리 굽기를 할 수도 있습니다.

팬 프라잉은 그 자체로도 훌륭한 조리 방법이며, 다른 요리 방법과 결합하여 사용될 수도 있습니다. 예를 들어, 고기를 먼저 팬 프라잉으로 겉면을 바삭하게 만든 후, 오븐에서 속을 완전히 익힐 수 있습니다.

(8) 소테잉(Sauteing)

소테잉은 소량의 기름 또는 버터를 이용해 음식을 가볍게 볶는 방법입니다.

- 특징: 중간에서 높은 온도에서 빠른 조리, 재료의 색과 맛을 보존, 주로 채소, 새우, 작은 고기 조각 등에 사용됩니다.

3) 습열조리(Moist Heat Cooking)

(1) 포칭(Poaching)

포칭은 부드럽고 섬세한 조리 방법으로, 끓는점 이하의 온도에서 액체를 이용해 음식을 조리합니다. 이 방법은 음식이 부드럽고 촉촉하게 익히는 데 효과적이며, 음식의 섬세한 풍미와 질감을 유지하는 데 중요합니다.

- 온도 조절: 포칭은 끓는점 이하의 온도에서 이루어집니다. 일반적으로 온도는 약 70℃에서 85℃ 사이가 이상적입니다. 이 온도에서는 액체가 살짝 끓어오르기 시작하지만, 팔팔 끓어오르지는 않습니다.
- 액체 선택: 포칭에 사용되는 액체는 물, 국물, 우유, 혹은 포도주와 같은 것이 될 수 있습니다. 액체에 향신료나 허브를 추가하여 음식에 더 많은 맛을 부여할 수 있습니다.

- 부드러운 조리: 포칭은 음식을 부드럽게 조리하는 방법이므로, 이 방법으로 조리된 음식은 특히 부드러운 질감을 가집니다. 이는 특히 연한 육류, 생선, 달걀 등에 적합합니다.
- 음식의 모양 유지: 포칭은 음식이 분해되거나 형태가 손상되는 것을 방지합니다. 부드러운 열이 음식에 균일하게 전달되므로, 음식은 그 형태를 유지하며 부드럽게 익습니다.
- 영양소 보존: 포칭은 낮은 온도와 부드러운 조리 방식으로 인해, 음식 속 영양소가 파괴되는 것을 최소화할 수 있습니다.

포칭은 단순하지만 세심한 주의가 필요한 요리법입니다. 특히 섬세한 풍미와 부드러운 질감을 요하는 요리에 적합하며, 음식의 자연스러운 맛을 최대한 살릴 수 있습니다.

(2) 시머링(Simmering)

시머링은 물이나 다른 액체를 비등점(100℃) 이하의 온도에서 천천히 끓이는 조리 방법입니다.

- 특징: 액체 표면에 작은 거품이 형성되고, 가볍게 움직이는 것이 특징입니다. 장시간 동안 음식을 부드럽고 고르게 익힐 수 있어, 수프, 스튜, 육수 등을 만드는 데 적합합니다.

(3) 보일링(Boiling)

보일링은 식품을 끓는 물에 넣어 삶는 방법입니다.

- 특징: 물이 완전히 끓고 있을 때 식품을 넣으며, 강한 열로 음식을 조리합니다. 파스타, 채소 삶기, 달걀 삶기 등에 주로 사용됩니다.

• 시머링(Simmering)

• 보일링(Boiling)

(4) 스티밍(Steaming)

스티밍은 수증기의 열을 이용하여 음식을 조리하는 방법입니다.

- 특징: 음식이 직접 물에 닿지 않아 영양소의 손실이 적으며, 음식의 자연스러운 맛과 색이 보존됩니다. 찜요리, 물만두, 채소 스팀 등에 적합합니다.

(5) 블랜칭(Blanching)

블랜칭은 식품을 끓는 물이나 기름에 짧게 데쳐내는 방법입니다.

- 특징: 식품을 고온의 물이나 기름에 잠깐 담갔다가 급속히 차가운 물에 담가 식히는 과정을 거칩니다. 이 방법은 채소의 색을 밝게 하고, 식감을 좋게 하며, 표면의 미생물을 제거하는 데 도움이 됩니다.

(6) 스칼딩(Scalding)

스칼딩은 주로 도축 과정에서 사용되는 방법으로, 가금류나 돼지와 같은 동물의 피부에 남아 있는 깃털이나 털을 쉽게 제거하기 위해 온수에 잠시 담그는 과정을 말합니다. 이 방법은 고기의 처리와 준비 과정에서 중요한 단계 중 하나입니다.

4) 복합조리(Combination Cooking)

(1) 수비드(Sous Vide)

수비드는 저온 장시간 조리법으로, 정밀하게 조절된 온도의 물에서 오랜 시간 동안 조리하는 방식입니다. 이 방법은 특히 전문 주방에서 인기가 높으며, 일관된 결과와 음식의 질감과 맛을 최적화하기 위해 사용됩니다. 수비드 조리 과정은 다음과 같습니다.

• 온도와 시간 설정: 수비드 조리에서 가장 중요한 것은 온도와 조리 시간의 정확한 조절입니다. 조리할 음식에 따라 적절한 온도와 시간을 설정합니다. 이는 고기가 완벽하게 익거나, 채소가 바람직한 질감을 유지하는 데 필수적입니다.

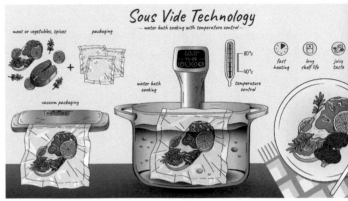

- 진공 포장: 음식은 특수한 진공 밀봉 가방에 넣어 밀봉됩니다. 이 과정은 음식의 수분과 맛이 보존되도록 하며, 조리 중에 수분이나 향이 빠져나가지 않게 합니다.
- 수비드 기계 사용: 진공 포장된 음식을 수비드 기계에 넣습니다. 이 기계는 물의 온도를 사용자가 지정한 대로 일정하게 유지해 주며, 음식이 균일하게 조리될 수 있도록 합니다.
- 장시간 조리: 수비드는 일반적으로 몇 시간에서 하루 이상 조리하는 조리법입니다. 이는 음식의 질감과 맛을 최적화하며, 특히 질긴 부위의 고기를 부드럽게 만드는 데 효과적입니다.
- 마무리 요리: 수비드로 조리된 음식은 종종 마무리 단계를 거칩니다. 예를 들어, 고기의 경우 수비드한 후에 팬에서 빠르게 겉면을 볶아 바삭한 질감을 추가할 수 있습니다.

수비드 조리법은 음식의 맛과 질감, 영양소를 최대한 보존하는 데 도움이 됩니다. 또한, 이 방법은 매우 일관된 결과를 제공하며, 특히 고기의 경우 놀라운 부드러움과 육즙을 유지할 수 있습니다. 수비드는 고급 레스토랑에서뿐만 아니라 가정에서도 점점 더 인기를 얻고 있는 조리 방법입니다.

(2) 브레이징(Braising)

브레이징은 건열과 습열을 결합한 조리 방법으로, 주로 육류나 가금류의 질긴 부위(소의 가슴살 또는 돼지 어깨살)를 부드럽고 촉촉하게 만들기 위해 사용합니다. 이 방법은 음식을 먼저 겉면이 갈색이 될 때까지 건열로 볶거나 구운 다음, 액체에 담가 천천히 습열로 익히는 과정을 포함합니다. 브레이징의 주요 특징과 과정은 다음과 같습니다.

- 갈색화(Browning): 브레이징의 첫 단계는 건열을 사용하여 고기의 겉면을 볶거나 구워 갈색화하는 것입니다. 이 과정은 고기의 표면에 맛과 질감을 더하며, 풍부한 맛을 발달시키는 데 중요합니다.

- 액체 사용: 갈색화 과정 이후, 고기를 국물, 와인, 물, 혹은 기타 조리 액체에 담가서 조리합니다. 액체는 고기를 부분적으로 덮어야 하며, 이는 고기를 부드럽게 만들고 맛을 더하는 데 필요합니다.

- 저온 장시간 조리: 고기를 액체에 담근 후, 냄비나 오븐을 사용하여 낮은 온도에서 천천히 익힙니다. 이 과정은 고기가 부드럽고 촉촉하게 변하게 하며, 깊은 맛을 발달시킵니다.

- 향신료와 허브 추가: 브레이징 과정에서는 향신료와 허브를 추가하여 음식에 더욱 풍부한 맛과 향을 부여할 수 있습니다.

- 소스의 활용: 브레이징 과정이 끝난 후, 조리된 액체는 줄어들고 진해져 맛있는 소스가 됩니다. 이 소스는 졸여서 걸쭉해진 상태로 종종 최종 요리에 함께 제공됩니다.

브레이징은 특히 질긴 부위의 고기를 부드럽고 촉촉하게 만드는 데 효과적이며, 스튜, 로스트, 다양한 브레이즈드 요리에 사용됩니다. 이 방법은 고기뿐만 아니라 뿌리채소와 같은 다른 재료에도 적용할 수 있으며, 풍미가 깊고 만족스러운 요리 결과를 제공합니다.

(3) 팟 로스팅(Pot Roasting)

팟 로스팅은 큰 고기 조각(예: 로스트 비프)을 브레이징(Braising)보다 오랜 시간 동안 요리하여 고기를 아주 연하게 만듭니다. 주로 느리고 천천히 조리되는 과정으로, 대부분의 경우 도자기 냄비나 바닥이 무거운 냄비를 사용하여 육류, 채소, 때로는 액체와 함께 조리합니다. 이 방법은 고기를 부드럽고 촉촉하게 만들며, 풍부한 맛의 소스를 생성합니다. 팟 로스팅의 주요 특징과 과정은 다음과 같습니다.

- 갈색화(Browning): 팟 로스팅의 첫 단계는 보통 고기를 냄비에서 갈색화하는 것입니다. 이 과정은 고기의 표면에 맛과 질감을 더합니다.
- 저온에서 천천히 조리: 갈색화된 고기는 냄비에 남은 재료(채소, 향신료)와 함께 천천히 조리합니다. 육수, 와인, 물 등의 액체를 추가하여 고기와 재료가 부분적으로 또는 완전히 잠기게 합니다.
- 뚜껑을 덮고 조리: 냄비에 뚜껑을 덮고 오븐이나 스토브 위에서 낮은 온도에서 장시간 조리합니다. 이 과정은 고기와 다른 재료들이 천천히 익도록 하며, 맛과 향이 서로 스며들게 합니다.
- 소스 활용: 조리 과정 중에 생성된 액체는 풍부한 맛을 가진 소스로 변하며, 요리가 끝난 후 이 소스를 고기나 다른 부재료와 함께 제공합니다.

자연의 치유식탁

- 다양한 재료 사용: 팟 로스팅은 다양한 종류의 고기와 채소에 적용할 수 있으며, 각각의 재료는 요리에 독특한 맛과 질감을 더합니다.

팟 로스팅은 특히 겨울철에 인기 있는 조리법으로, 조리과정에서 영양소의 손실이 적고 맛도 깊어집니다. 특히 고기는 육질이 부드러워지고 육즙도 풍부해집니다. 이 방법은 가족 식사나 특별한 자리에 어울리는 요리를 만드는 데 적합합니다.

> **브레이징(Braising)과 팟 로스팅(Pot Roasting)의 차이점**
>
> - **브레이징:** 고기나 채소를 먼저 시어링(겉을 갈색으로 굽기)한 후, 넓고 깊은 sheet pan이나 캐서롤에 넣고 소량의 액체(육수, 와인 등)를 추가하여 오븐에 넣고 천천히 익히는 방법입니다. 이때 액체는 고기를 부분적으로만 덮습니다. 브레이징에서는 넓은 sheet pan을 사용하기 때문에 큰 고깃덩어리를 사용할 수 있습니다.
> - **팟 로스팅:** 큰 고기 조각을 소량의 액체와 함께 냄비(Dutch Oven 등)에 넣고 뚜껑을 덮어 천천히 익히는 방법입니다. 여기서 액체는 냄비 바닥을 채울 정도로만 사용하며, 고기 전체를 덮지는 않습니다. 팟 로스팅은 냄비의 크기 범위 내에서 고기를 사용하기 때문에 상대적으로 작은 고깃덩어리를 사용할 수밖에 없습니다. 스토브탑과 오븐 모두에서 조리할 수 있습니다.
>
> 간단히 말해, 브레이징은 넓은 sheet pan을 사용하여 큰 고깃덩어리를 부분적으로 액체에 담가서 오븐에서 천천히 익히는 반면, 팟 로스팅은 상대적으로 작은 고깃덩어리를 소량의 액체와 함께 냄비에 넣고 더 길게 조리하는 것입니다.

(4) 스튜잉(Stewing)

스튜잉은 큼직하게 자른 고기, 채소, 때로는 다양한 향신료를 육수와 함께 천천히 그리고 오랜 시간 동안 끓이는 조리 방법입니다. 이 방식은 깊은 맛과 풍부한 소스를 생성하며, 음식을 부드럽고 즙이 많게 만듭니다. 스튜잉의 주요 특징과 과정은 다음과 같습니다.

- 크게 자른 재료 사용: 스튜(Stew)에 사용되는 고기의 크기는 조리법과 개인의 취향에 따라 다를 수 있지만, 일반적으로는 크게 자르는 편입니다. 이는 조리 과정 중에 고기가 오랜 시간 동안 천천히 익으면서도 형태를 유지하고, 풍부한 맛과 질감을 발달시키기 위함입니다. 스튜에 사용되는 고기의 '큼직한' 크기는 일반적으로 한 변의 길이가 대략 2cm에

서 5cm 범위입니다. 이 크기는 고기가 조리 과정에서 너무 빨리 풀어지거나 흩어지지 않게 하면서, 충분히 익도록 하는 데 적합합니다. 물론, 이는 사용되는 고기의 종류나 요리의 특성에 따라 달라질 수 있습니다. 예를 들어, 질기거나 결이 큰 고기(예: 양고기, 소고기 등)는 좀 더 크게 자르는 편이 좋을 수 있으며, 부드러운 고기나 빠르게 익는 고기(예: 닭고기, 돼지고기 등)는 상대적으로 작게 자를 수 있습니다. 스튜의 목적은 재료들이 장시간 조리되면서 풍미가 우러나고, 고기가 부드러워지는 것입니다. 따라서 고기를 자를 때는 스튜의 특성을 고려하여 결정하는 것이 중요합니다.

- 저온에서 장시간 조리: 스튜는 중간 또는 낮은 온도에서 천천히 조리됩니다. 이는 재료들이 부드럽게 익고 풍미가 서서히 우러나오게 하는 중요한 요소입니다.

- 육수 사용: 스튜잉에는 육수가 필수입니다. 육수는 고기, 채소, 향신료의 맛이 잘 스며들게 하며, 스튜의 베이스를 형성합니다. 육수의 양은 재료를 덮을 정도로 충분해야 합니다.

- 맛의 발전: 스튜는 오랜 시간 동안 조리되면서 재료의 맛이 깊어지고, 재료 간의 맛이 잘 어우러집니다. 이 과정에서 소스는 더욱 진하고 풍부한 맛을 냅니다.

- 다양한 재료 활용: 스튜는 다양한 고기, 채소, 향신료를 조합하여 만들 수 있으며, 각 재료

는 스튜에 독특한 맛과 질감을 더합니다.

- 후처리 및 서빙: 스튜는 조리가 끝난 후 원하는 소스 농도에 따라 걸쭉하게 만들 수 있습니다. 보통 빵이나 쌀, 파스타와 함께 제공됩니다.

스튜는 전 세계적으로 다양한 형태로 존재하며, 각 지역의 전통적인 맛과 재료를 반영합니다. 이 조리법은 고기가 질기거나, 재료가 풍부하게 사용되어야 하는 요리에 특히 적합합니다. 겨울철에 따뜻한 한 끼로 즐기기에 특히 좋습니다.

(5) 프레셔 쿠킹(Pressure Cooking)

프레셔 쿠킹은 압력을 이용하여 음식을 빠르고 효율적으로 조리하는 방법입니다. 이 방식은 압력솥을 사용하여 물이나 다른 조리 액체를 끓는점 이상의 온도로 가열함으로써 음식을 조리합니다. 프레셔 쿠킹의 주요 특징과 과정은 다음과 같습니다.

- 높은 압력과 온도: 압력솥에서는 공기와 증기의 압력을 증가시켜, 물의 끓는점을 표준 대기압에서의 100℃보다 높게 만듭니다. 이로 인해 조리 액체의 온도가 더 높아지고, 음식이 더 빨리 조리됩니다.
- 시간 절약: 프레셔 쿠킹은 전통적인 조리 방법에 비해 음식을 훨씬 빠르게 조리할 수 있게 해줍니다. 특히 콩, 곡물, 질긴 고기와 같이 오랜 시간 조리해야 하는 식재료의 경우 시간을 크게 단축시킬 수 있습니다.

- 영양소 보존: 빠른 조리 시간과 밀폐된 환경은 음식의 영양소가 적게 파괴되도록 돕습니다. 압력솥에서는 증기가 손실되지 않아, 음식의 비타민과 미네랄이 보다 잘 보존됩니다.
- 다양한 용도: 프레셔 쿠킹은 수프, 스튜, 죽, 곡물 요리 등 다양한 종류의 음식에 사용할 수 있습니다. 또한, 채소, 고기, 생선 등 다양한 식재료를 빠르게 조리할 수 있어 매우 유용합니다.
- 에너지 효율성: 압력솥은 에너지를 효율적으로 사용합니다. 조리 시간을 단축하고 열 효율이 높으므로 에너지 소비를 줄일 수 있습니다.

프레셔 쿠킹은 특히 바쁜 생활을 하는 현대인들에게 시간과 에너지를 절약하는 효과적인 조리 방법으로 인기가 높습니다. 또한, 간편하고 빠른 조리를 통해 다양한 맛과 영양소를 즐길 수 있어 많은 가정에서 애용되고 있습니다.

5) 비가열 조리(No Heat Preparation)

(1) 솔팅(Salting)

솔팅은 고대부터 전해진 방법으로 식품 보존과 맛 향상을 위해 소금을 사용합니다. 이 방법은 다음과 같은 특징이 있습니다.

■ **솔팅의 정의 및 방법**

- 정의: 솔팅은 소금을 사용하여 식품의 수분을 제거하고, 미생물 성장을 억제하여 식품을 보존하는 과정입니다.
- 방법: 소금을 직접 식품에 바르거나, 식품을 소금물에 담가서 처리합니다. 소금은 물을 끌어내고 미생물의 생장을 억제함으로써 식품을 오래 보관할 수 있게 합니다.

■ **솔팅의 특징**

- 보존성 증가: 소금은 식품의 수분을 빼앗아 미생물의 성장을 억제하므로, 식품의 유통 기한을 연장합니다.
- 맛 변화: 소금은 식품에 짠맛을 더하고, 질감을 변화시킵니다. 또한, 소금의 특성에 따라 식품에 독특한 맛을 부여할 수도 있습니다.
- 적용 식품: 솔팅은 주로 육류, 생선, 채소 등 다양한 식품에 적용됩니다. 예를 들어, 절인 생선, 절인 고기, 절인 채소 등이 있습니다.

■ **주의사항**

- 소금의 양: 소금을 너무 많이 사용하면 식품이 지나치게 짜질 수 있으므로 적절량을 지키는 것이 중요합니다.
- 저장 조건: 소금에 절인 식품은 적절한 온도와 습도 조건에서 보관되어야 합니다.

솔팅은 매우 간단하면서도 효과적인 식품 보존 방법으로, 오늘날에도 전 세계적으로 널리 사용되고 있습니다. 이 방법은 식품의 맛과 질감을 변화시키며, 다양한 요리와 가공 식품의 제조에 활용됩니다.

(2) 큐어링(Curing)

큐어링은 오랜 역사를 가진 식품 보존 방법으로, 주로 육류를 보존하는 데 사용됩니다. 이 과정은 다음과 같은 특징이 있습니다.

■ **큐어링의 정의 및 방법**

- 정의: 큐어링은 식염, 육색 고정제(예: 아질산염), 염지 촉진제 등을 사용하여 원료육을 처

리하고 보존하는 방법입니다.

- 방법: 큐어링에는 일반적으로 소금, 설탕, 향신료, 보존제(아질산염이나 아질산나트륨)를 사용합니다. 이들 재료를 고기에 바르거나 고기를 이러한 용액에 담가 처리합니다.

■**큐어링의 특징**

- 보존성 증가: 큐어링은 고기의 유통 기한을 연장하고, 미생물의 성장을 억제합니다.
- 맛과 질감 변화: 큐어링 과정은 고기의 맛과 질감을 변화시킵니다. 소금과 향신료는 고기에 독특한 맛과 질감을 부여합니다.
- 색상 고정: 육색 고정제(아질산염)는 고기의 붉은색을 유지하는 데 도움이 됩니다.

■**큐어링의 예**

- 햄, 베이컨, 살라미: 이러한 가공육 제품들은 큐어링 과정을 거쳐 제조됩니다.
- 전통적 방식의 큐어링: 직접적인 소금 치료, 훈연, 건조 등을 포함할 수 있으며, 이러한 방식은 종종 특정 지역의 전통적인 맛과 질감을 만들어냅니다.

■ **주의사항**

- 보존제 사용: 아질산염과 같은 보존제의 사용은 안전한 수준에서 이루어져야 하며, 과도한 사용은 건강에 해로울 수 있습니다.
- 적절한 처리: 큐어링 과정은 식품의 안전과 직결되므로, 적절한 온도와 위생 조건에서 신중하게 진행되어야 합니다.

큐어링은 전통적인 방법으로, 오늘날에도 육류의 맛을 향상하고 보존 기간을 연장하는 데 널리 사용됩니다.

> **Salting과 Curing의 차이점**
>
> - **재료:** Salting은 주로 소금만을 사용하는 반면, Curing은 소금 외에도 여러 가지 보존 재료를 함께 사용합니다.
> - **목적:** Salting은 주로 보존에 중점을 두는 반면, Curing은 맛과 질감, 색상을 향상하는 데에도 중점을 둡니다.
> - **결과:** Curing은 Salting에 비해 더 복잡한 맛과 질감을 가진 식품을 만듭니다.
>
> 각 방법은 식품의 종류와 원하는 최종 결과에 따라 선택될 수 있으며, 두 방법이 함께 사용되기도 합니다.

(3) 배양/컬처링(Culturing)

컬처링은 식품 제조 및 가공 과정에서 사용되는 중요한 방법 중 하나로, 특정한 미생물을 식품에 첨가하여 발효하는 과정을 말합니다. 이 방법은 식품의 맛, 질감, 보존성 및 영양가를 향상하는 데 목적을 둡니다.

■ **컬처링의 정의 및 방법(조리 분야)**

- 정의: 컬처링은 주로 박테리아, 효모와 같은 특정 미생물을 식품에 첨가하여 발효하는 과정입니다. 이 과정은 식품 내에서 미생물의 활동을 통해 변화를 일으키는 것을 목적으로 합니다.
- 방법: 선택된 미생물을 식품에 접종하고, 발효를 위한 적절한 환경(온도, 습도, pH 등)을 제공합니다. 미생물은 식품 내의 설탕과 다른 성분들을 분해하고 변환시키며, 결과적으로 식품의 맛과 질감을 개선합니다.

■컬처링의 특징

- 풍미와 질감의 변화: 미생물에 의한 발효 과정은 식품에 독특한 맛과 질감을 부여합니다. 발효 과정을 통해 생성되는 산성 화합물과 향기 성분이 이러한 변화에 기여합니다.
- 보존성 증가: 발효는 식품의 보존 기간을 연장할 수 있습니다. 발효 중 생성되는 산성 환경은 미생물의 성장을 억제하여 식품을 더 오래 보관할 수 있게 합니다.
- 영양가 향상: 발효 과정은 식품을 소화하기 쉽게 만들고, 때로는 영양가를 향상시킵니다.

■컬처링의 예

- 유제품: 요거트, 케피어, 치즈 등
- 음료: 일부 맥주, 와인, 청량 음료 등

■주의사항

- 위생과 안전: 발효 과정에서 위생과 안전은 매우 중요합니다. 잘못된 미생물이나 조건에서 유해한 미생물이 번식할 수 있으므로, 철저한 위생 관리가 필요합니다.
- 조건 관리: 올바른 발효를 위해서는 온도, 습도, pH 등의 조건을 정확히 관리해야 합니다.

자연의 지유식탁

컬처링은 식품의 맛, 질감, 보존성 및 영양가를 개선하는 자연스러운 방법으로, 전 세계 다양한 문화권에서 오랜 역사를 가지고 있습니다. 이 방법은 미생물의 성장과 활동을 조절하여 식품의 특성을 변화시키는 것을 목표로 합니다.

(4) 발효/퍼먼팅(Fermenting)

퍼먼팅은 식품 제조 및 가공에서 사용되는 중요한 과정으로, 미생물(주로 박테리아, 효모)의 자연적인 활동을 이용하여 식품의 화학적 구성을 변화시키고 발효하는 방법입니다. 이 과정은 식품의 맛, 질감, 보존성 및 영양가를 개선하는 데 널리 사용됩니다.

■ 퍼먼팅의 정의 및 방법

- 정의: 퍼먼팅은 식품 내의 미생물이 자연적으로 활동하면서 식품의 화학적 구성을 변화시키는 과정입니다. 이는 식품 내에 자연적으로 존재하는 미생물에 의해 일어나거나, 특정 미생물을 첨가하여 발효시킬 수도 있습니다.
- 방법: 미생물은 식품 내의 설탕과 다른 탄수화물을 분해하여 알코올, 유기산, 가스 및 다른 부산물을 생성합니다.

■ 퍼먼팅의 특징

- 풍미와 질감의 변화: 발효 과정은 식품에 독특한 맛과 향을 부여하며, 질감을 변화시킵니다.
- 보존성 증가: 발효 과정은 식품의 유통 기한을 연장할 수 있습니다. 발효 중 생성되는 산성 환경은 미생물의 성장을 억제하여 식품을 더 오래 보관할 수 있게 합니다.
- 영양가 향상: 발효는 식품의 영양소를 보다 소화하기 쉽게 만들고, 때로는 영양가를 향상시킵니다.

■ 퍼먼팅의 예

- 유제품: 요거트, 케피어와 같은 발효 유제품
- 채소: 김치, 사우어크라우트와 같은 발효 채소
- 음료: 맥주, 와인과 같은 발효 음료
- 빵: 사워도우 빵과 같은 발효 빵

■ 주의사항

- 위생과 안전: 발효 과정에서 위생과 안전이 매우 중요합니다. 잘못된 미생물이나 조건에서 유해한 미생물이 번식할 수 있으므로, 철저한 위생 관리가 필요합니다.
- 조건 관리: 적절한 발효를 위해서는 환경 조건(온도, 습도, 산소 레벨 등)을 정확히 관리해야 합니다.

퍼먼팅은 식품의 맛, 질감, 보존성 및 영양가를 개선하는 자연스러운 방법으로, 전 세계 다양한 문화에서 오랜 역사를 가지고 있습니다. 이 방법은 미생물의 활동을 이용하여 식품의 특성을 변화시키는 것을 목표로 합니다.

컬처링(Culturing)과 퍼먼팅(Fermenting)의 구별

- **컬처링:** 이는 특정한 미생물을 식품에 첨가하여 발효시키는 과정입니다. 주로 유제품과 같이 특정 미생물을 선택적으로 사용하여 제어된 발효를 진행할 때 사용됩니다.

- **퍼먼팅:** 더 넓은 의미를 가지며, 자연 발효 과정 또는 추가된 미생물을 이용한 발효를 포함합니다.

요약하자면, 컬처링은 발효 과정을 좀 더 정밀하게 제어하고 특정한 미생물을 이용하는 반면, 퍼먼팅은 자연 발효 과정을 통해 식품의 특성을 변화시키는 데 중점을 둡니다. 컬처링은 일관된 결과를 얻기 위해 사용되는 반면, 퍼먼팅은 다양한 풍미와 특성을 탐색하는 데 사용됩니다.

(5) 산도조절(Acidifying)

산도조절은 식품 가공 및 조리에서 사용되는 방법으로, 식품의 pH 값을 낮추어 산성도를 증가시키는 과정을 말합니다. 이 방법은 식품의 보존, 맛, 질감 등을 개선하기 위해 널리 사용됩니다. 산을 이용한 조리법, 예를 들어 드레싱이나 마리네이드에 사용됩니다.

■산도조절의 정의 및 방법

- 정의: 산도조절은 식품에 산을 첨가하거나 산을 생성시켜 식품의 산성도를 높이는 과정입니다.

- 방법: 이 과정에는 직접적인 산 첨가(예: 식초, 레몬즙 첨가) 또는 발효를 통한 산 생성(예: 유산균 발효)이 포함될 수 있습니다.

■산도조절의 특징

- 보존성 증가: 산성 환경은 유해한 박테리아의 성장을 억제하여 식품의 유통 기한을 연장할 수 있습니다.

- 맛의 변화: 산성도가 증가하면 식품의 맛이 종종 상쾌하고 깊어집니다.

- 질감 개선: 특정 식품에서는 산성도의 증가가 질감을 개선하는 데 도움을 줄 수 있습니다.

■산도조절의 예

- 식품 보존: 피클, 소스, 잼 등의 식품에서 보존을 목적으로 사용됩니다.
- 발효 식품: 요거트, 치즈, 사우어크라우트 등의 발효 과정에서 자연적으로 발생합니다.
- 맛 개선: 샐러드 드레싱, 마리네이드, 디저트 등의 조리 과정에서 산을 첨가하여 맛을 개선합니다.

■주의사항

- 적절한 산도 조절: 식품에 따라 적절한 산도를 유지하는 것이 중요합니다. 과도한 산도는 식품의 맛과 질감을 해칠 수 있습니다.
- 식품 안전성: 산도 조절은 식품의 안전성을 높일 수 있지만, 적절한 위생 관리가 병행되어야 합니다.

산도조절은 식품의 맛, 보존성, 그리고 질감을 개선하는 효과적인 방법으로, 다양한 식품 가공 및 조리 과정에서 활용됩니다.

(6) 발아/스프라우팅(Sprouting)

'Sprouting'을 한국어로 번역하면 '발아'라고 할 수 있습니다. 이 용어는 씨앗이나 곡물, 콩류 등이 싹을 틔우는 것을 의미합니다. 발아 과정은 식품의 영양가를 높이고 소화를 용이하게 하는 데 도움을 줄 수 있습니다. 발아된 식품은 종종 샐러드, 샌드위치, 그리고 다양한 요리에 사용되어 맛과 영양을 추가합니다.

■스프라우팅의 정의 및 방법

- 정의: 스프라우팅은 씨앗이나 곡물, 콩류 등이 물과 적절한 환경에서 발아하여 싹을 틔우는 과정입니다.
- 방법: 씨앗을 깨끗이 씻고, 충분히 물에 담가 불린 후, 적절한 수분과 공기 순환 조건하에서 발아를 기다립니다.

■ **스프라우팅의 특징**

• 영양가 증가: 발아 과정은 씨앗의 영양소를 활성화시켜, 비타민과 미네랄의 흡수율을 높입니다.

• 소화 용이: 발아된 씨앗은 소화가 더 용이하며, 일부 항영양소의 양을 줄일 수 있습니다.

• 질감과 맛의 변화: 싹이 난 씨앗은 식감과 맛이 독특하여 다양한 요리에 활용됩니다.

■ **스프라우팅의 예**

• 한국의 예: 메밀싹, 마늘순, 콩나물 등은 한국에서 흔히 볼 수 있는 스프라우팅 식품입니다. 이들은 샐러드, 국물 요리, 볶음 요리 등에 사용됩니다.

• 국제적인 예: 알팔파 싹, 브로콜리 싹, 렌틸콩 싹 등이 국제적으로 인기 있는 스프라우팅 식품입니다.

■ **주의사항**

• 위생 관리: 발아 과정 중에는 청결을 유지하는 것이 중요합니다. 부적절한 조건은 박테리아의 성장을 촉진할 수 있습니다.

- 신선도 확인: 싹이 난 씨앗은 신선해야 하며, 변색되었거나 냄새가 나는 경우 사용하지 말아야 합니다.

스프라우팅은 식품의 영양가와 소화 흡수를 증진하는 자연스러운 방법으로, 건강한 식습관에 기여할 수 있습니다. 다양한 종류의 씨앗과 곡물을 사용하여 집에서도 쉽게 시도해볼 수 있습니다.

(7) 소킹(Soaking)

소킹은 식품을 물에 담그는 처리 과정으로, 식품의 품질을 개선하고 조리 과정을 용이하게 하는 데 사용됩니다. 식품의 불쾌한 맛이나 빛깔을 제거하기 위해 물에 담그는 처리 과정입니다. 이 방법은 특히 콩류, 곡물, 견과류, 씨앗 등의 식품 가공에 널리 적용됩니다.

■ 소킹의 정의 및 방법
- 정의: 소킹은 식품을 물에 담가 불쾌한 맛이나 빛깔을 제거하고, 식품의 질감을 부드럽게 하며, 조리 시간을 단축하는 과정입니다.
- 방법: 식품을 충분한 양의 물에 담가 두어, 물 속의 성분이 식품에 흡수되게 하거나 식품 내의 불필요한 성분을 물에 용해시킵니다.

■ 소킹의 특징
- 맛과 질감 개선: 특정 식품의 불쾌한 맛이나 빛깔을 제거하고, 부드러운 질감을 부여합니다.
- 조리 시간 단축: 물에 불린 식품은 조리 시간이 단축되며, 에너지 소비를 줄일 수 있습니다.
- 항영양소 제거: 콩류나 곡물에 있는 항영양소를 줄여, 영양소의 흡수율을 높일 수 있습니다.

■ 소킹의 예
- 콩류 및 곡물: 콩, 팥, 렌즈콩, 쌀, 보리 등을 물에 담가 불려 사용합니다.
- 견과류 및 씨앗: 견과류나 씨앗을 불려 소화를 돕고, 영양소의 흡수를 촉진합니다.
- 건조 과일: 건조된 과일을 불려 부드럽게 하고, 맛을 증진합니다.

자연의 치유식탁

■**주의사항**

- 물 갈아주기: 장시간 불리는 경우, 물을 주기적으로 갈아주어 신선도를 유지합니다.
- 위생 관리: 소킹 과정에서 식품이 오염되지 않도록 위생적인 환경을 유지합니다.

소킹은 식품의 조리 과정을 준비하는 간단하면서도 효과적인 방법으로, 식품의 품질과 영양
가를 향상하는 데 도움을 줍니다.

(8) 하이-스피드 블렌딩/퓨레잉(High-Speed Blending/Pureeing)

하이-스피드 블렌딩과 퓨레잉은 식품을 부드럽고 균일한 질감으로 만드는 조리 과정입니
다. 이 방법들은 특히 소스, 스무디, 수프, 베이비 푸드 제조 등에 사용됩니다.

■**하이-스피드 블렌딩/퓨레잉의 정의 및 방법**

- 정의: 하이-스피드 블렌딩은 식품을 고속으로 섞어 균일하고 부드러운 혼합물을 만드는 과
  정입니다. 퓨레잉은 식품을 곱게 갈아서 매끄러운 퓨레 형태로 만드는 것을 말합니다.
- 방법: 강력한 블렌더나 푸드 프로세서를 사용하여 과일, 채소, 견과류 등을 고속으로 갈아
  부드럽고 균일한 질감을 만듭니다.

■**하이-스피드 블렌딩/퓨레잉의 특징**

- 질감의 변화: 식품의 질감을 완전히 바꿔서 더욱 부드럽고 크리미한 느낌을 줍니다.
- 용도 다양성: 다양한 종류의 음식(스무디, 수프, 소스, 베이비 푸드 등) 제조에 활용됩니다.
- 영양소 보존: 빠른 처리 과정은 영양소의 파괴를 최소화할 수 있습니다.
- 시간 효율성: 빠르고 간편한 방법으로 식품을 처리할 수 있어 시간을 절약합니다.

■**하이-스피드 블렌딩/퓨레잉의 예**

- 스무디: 과일과 채소를 블렌딩하여 영양가 높은 스무디를 만듭니다.
- 수프: 채소를 퓨레 형태로 만들어 크리미한 수프를 준비합니다.
- 소스: 여러 재료를 혼합하여 다양한 종류의 소스를 제조합니다.
- 베이비 푸드: 식감이 부드러운 베이비 푸드를 만들기 위해 과일이나 채소를 퓨레 형태로
  가공합니다.

■ **주의사항**

- 온도 관리: 뜨거운 재료를 블렌딩할 때는 주의가 필요하며, 블렌더의 뚜껑을 단단히 닫고 조심스럽게 작동시켜야 합니다.
- 청소와 유지 보수: 블렌더나 푸드 프로세서의 청결을 유지하고, 정기적으로 유지 보수를 해야 합니다.

하이-스피드 블렌딩과 퓨레잉은 현대 주방에서 필수적인 조리 기술로, 식품을 빠르고 효율적으로 가공하는 데 매우 유용합니다.

(9) 진공 밀봉(Vacuum Sealing)

진공 밀봉은 식품을 보관하고 유통 기한을 연장하는 데 사용되는 방법입니다. 이 과정에서 공기를 제거하고 식품을 밀봉하여 신선도를 유지합니다.

■ **진공 밀봉의 정의 및 방법**

- 정의: 진공 밀봉은 식품을 밀봉하기 전에 패키지 내부의 공기를 제거하는 과정입니다. 이로 인해 식품이 공기와 접촉하지 않도록 하여 신선도를 유지하고 변질을 방지합니다.
- 방법: 진공 밀봉기를 사용하여 패키지 내부의 공기를 빨아들이고 밀봉합니다. 이는 식품을 외부 환경으로부터 격리하여 장기간 보관할 수 있게 합니다.

■ **진공 밀봉의 특징**

- 보존성 증가: 공기(산소)와의 접촉을 최소화함으로써 식품의 산패와 박테리아 성장을 억제합니다.
- 신선도 유지: 공기가 제거되면 식품의 신선도를 더 오래 유지할 수 있습니다.
- 냉동 보관 효과 증대: 진공 밀봉된 식품을 냉동 보관할 경우 냉동화상을 방지하고 품질을 유지하는 데 도움이 됩니다.

■ **진공 밀봉의 예**

- 가정용 식품 보관: 육류, 생선, 채소, 치즈 등 다양한 식품을 진공 밀봉하여 냉장고나 냉동고에 보관합니다.
- 상업적 사용: 식품 제조 및 유통 과정에서 식품의 신선도를 유지하고 유통 기한을 연장하기 위해 사용됩니다.

■ **주의사항**

- 적절한 밀봉: 진공 밀봉기의 올바른 사용이 중요합니다. 불완전한 밀봉은 공기 유입을 허용하여 식품의 변질을 야기할 수 있습니다.
- 보관 조건: 진공 밀봉된 식품도 적절한 온도에서 보관해야 합니다. 특히, 고기나 생선과 같은 쉽게 상하는 식품은 냉장 또는 냉동 보관이 필요합니다.

진공 밀봉은 식품의 보존성을 향상시키고, 식품 낭비를 줄이며, 식품을 효과적으로 보관하는 데 매우 유용한 방법입니다.

(10) 쥬싱(Juicing)

쥬싱은 과일이나 채소에서 주스를 추출하는 과정을 말합니다. 이 방법은 식품의 영양소를 액체 형태로 섭취하고자 할 때 널리 사용됩니다.

■ **쥬싱의 정의 및 방법**

- 정의: 쥬싱은 과일이나 채소를 갈아서 액체(주스)로 만드는 과정입니다. 이는 과일이나 채소의 섬유질을 제거하고, 주스에 포함된 비타민, 미네랄, 그리고 기타 영양소를 농축합니다.

- 방법: 쥬서나 블렌더를 사용하여 과일이나 채소를 갈아서 주스를 추출합니다. 쥬싱은 채소와 과일의 셀룰로오스 벽을 분해하여 쉽게 소화될 수 있는 액체 형태의 주스를 얻는 과정입니다.

■ 쥬싱의 특징

- 영양소 흡수 용이성: 쥬싱은 소화 과정을 거치지 않고도 과일과 채소의 영양소를 효과적으로 흡수할 수 있습니다.
- 다양한 조합 가능: 다양한 과일과 채소를 조합하여 다양한 맛과 영양소를 가진 주스를 만들 수 있습니다.
- 신선도 유지: 신선한 과일과 채소를 사용하여 만든 주스는 최대한의 영양소와 신선한 맛을 제공합니다.

■ 쥬싱의 예

- 과일 주스: 사과, 오렌지, 포도 등 다양한 과일을 사용하여 주스를 만듭니다.
- 채소 주스: 케일, 시금치, 당근 등의 채소를 사용하여 영양가 높은 주스를 제조합니다.
- 혼합 주스: 과일과 채소를 혼합하여 맛과 영양의 균형을 맞춘 주스를 만들 수 있습니다.

■ 주의사항

- 섬유질 손실: 쥬싱 과정에서 과일과 채소의 섬유질이 대부분 제거되므로, 전체적인 식이섬유 섭취에 주의가 필요합니다.
- 당분 함량: 일부 과일 주스는 높은 당분을 포함할 수 있으므로, 섭취량을 조절하는 것이 좋습니다.

쥬싱은 건강한 생활 습관의 일환으로 많은 사람들에게 인기 있는 선택입니다. 다양하고 신선한 과일과 채소를 활용하여 영양가 높은 주스를 만들 수 있으며, 쉽고 빠르게 영양소를 섭취할 수 있는 방법으로 간주됩니다.

(11) 탈수(Dehydrating)

탈수는 식품에서 수분을 제거하는 과정으로, 식품의 보존 기간을 연장하고 휴대성을 높이기 위해 사용됩니다. 이 방법은 다양한 식품에 적용할 수 있으며, 식품의 맛과 영양소를 보존하는 데 도움이 됩니다.

■ 탈수의 정의 및 방법

- 정의: 탈수는 식품에서 수분을 제거하는 과정으로, 식품의 부패를 늦추고 유통 기한을 연장합니다.
- 방법: 전통적인 방법(햇볕에 말리기)부터 현대적인 방법(전기 탈수기 사용)에 이르기까지 다양한 방법으로 수행됩니다. 식품을 낮은 온도에서 오랫동안 건조시켜 수분을 증발시킵니다.

■ 탈수의 특징

- 보존성 증가: 수분 제거는 식품의 부패를 유발할 수 있는 박테리아와 곰팡이의 성장을 억제합니다.
- 편리한 보관과 휴대: 탈수된 식품은 무게가 가벼워지고 부피가 줄어들어 보관과 휴대가 용이합니다.
- 맛과 영양소의 농축: 탈수 과정은 식품의 맛과 영양소를 농축시키며, 독특한 질감을 부여합니다.

■ 탈수의 예

- 과일: 건포도, 말린 사과, 망고 등의 건조 과일
- 채소: 말린 토마토, 말린 피망, 건조 채소 칩 등
- 육류: 육포, 건조된 소시지 등
- 허브 및 향신료: 건조된 허브, 말린 향신료 등

■ 주의사항

- 적절한 온도와 시간: 너무 높은 온도에서 탈수하면 식품이 손상될 수 있으며, 너무 낮은 온도에서는 수분이 제대로 제거되지 않을 수 있습니다.

자연의 치유식탁

- 위생 관리: 탈수 과정 중 식품이 오염되지 않도록 청결을 유지해야 합니다.
- 보관 조건: 탈수된 식품은 습기와 빛을 피해서, 밀폐 용기에 보관하는 것이 좋습니다.

탈수는 식품의 유통 기한을 연장하고, 식품의 맛과 영양소를 보존하는 효과적인 방법입니다. 이 방법은 캠핑이나 비상 식량, 건강 간식 등 다양한 상황에 유용하게 사용될 수 있습니다.

인천 검단, 김포, 강화도의
새로운 농산물

UNIT 1. 단풍나무 농업 법인 이남수 대표의 인천 검단,
김포, 강화도의 건강한 식재료 추천

이남수 대표는 인천 서구 검단의 영농회장이자 김금숙 씨의 첫째 아들로, 가족과 함께 단풍나무 식당을 운영하며 'Farm to Table' 실천에 힘쓰고 있습니다. 그는 농업과 요리, 그리고 사업 경영 사이의 독특한 연결고리를 통해 지역 농산물의 가치를 재발견하고 현대적 방식으로 재해석하는 데 중점을 두고 있습니다. 이러한 접근 방식은 농업과 외식업계에 새로운 가능성을 열어주며, 이남수 대표는 이 분야에서 혁신가로 인정받고 있습니다.

이남수 대표가 추천하는 인천 검단, 김포, 강화도 지역의 특성을 고려한 새로운 농산물 재배 품목은 다음과 같습니다.

1. 인천 검단

- 해풍과 염분에 강한 식재료: 검단 지역은 서해안 근처에 위치하여 바닷바람의 영향을 받습니다. 이러한 환경에서 재배하기 좋은 식재료로는 해풍과 염분에 강한 '해바라기 씨', '시금치', '케일' 등이 있습니다.

- 염분을 견디는 허브류: '라벤더', '타임', '로즈메리'와 같은 허브류는 염분에 강하고, 해풍을 이겨낼 수 있는 특성이 있어 이 지역에 적합합니다.

- 땅콩호박(버터너트 스쿼시): 이 지역의 해풍과 염분에 비교적 강한 땅콩호박은 서양 요리에 주로 사용되며, 달콤한 맛과 버터 향이 특징입니다.

- 칵테일어니언(미니양파): 김포 지역과 유사한 환경 조건에서 잘 자라며, 작은 크기로 다양한 요리에 사용됩니다.

- 삼색 찰옥수수: 서해안에 인접해 있어 해풍의 영향을 받으며, 토양의 염분이 다소 높습니다. 이런 환경에서 잘 자라는 작물로는 '삼색 찰옥수수'를 추천합니다. 삼색 찰옥수수는 영양가가 높고, 특히 비주얼적인 매력이 있어 고급 레스토랑이나 트렌디한 다이닝에 적합합니다.

- 아스파라거스(화이트/퍼플/그린): 충분한 일조량과 양질의 토양이 필요한 아스파라거스는 검단 지역에서 잘 자랄 수 있습니다. 특히, 서해안의 기후 조건은 아스파라거스의 풍미를 증진합니다.

- 케일: 서늘한 기후를 선호하는 케일은 검단 지역의 해안 기후와 잘 맞습니다. 바다 근처의 시원한 기후가 케일의 성장에 도움을 줍니다.

2. 김포

- 비옥한 토양을 활용한 식재료: 김포는 토양이 비옥하여 다양한 농작물을 재배할 수 있습니다. '토마토', '오이', '수박'과 같은 과채류와 '마늘', '양파', '감자' 등의 뿌리채소가 잘 자랄 수 있습니다.

- 고온을 좋아하는 작물: 이 지역의 따뜻한 기후는 '고추', '가지', '파프리카'와 같은 고온을 좋아하는 작물 재배에 적합합니다.
- 미니야콘: 김포는 비옥한 토양과 적절한 일조량을 자랑합니다. 이 지역에 추천할 농산물 인 미니야콘은 달콤하고 바삭한 식감을 지니며, 샐러드나 디저트 재료로 활용할 수 있어 신선함과 다양성을 요구하는 고급 레스토랑에 적합합니다.
- 오크라: 따뜻한 기후를 선호하며, 비타민 C, K, 칼슘, 마그네슘 등이 풍부해 건강 식품으로 인기가 높습니다.

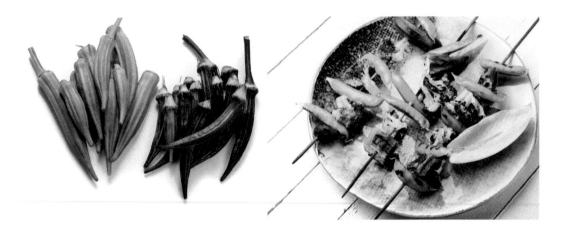

자연의 치유식탁

- 루콜라: 서늘한 기후에 적합한 루콜라는 봄과 초여름까지 잘 자라며, 비타민 C가 풍부하 며, 샐러드와 다양한 요리에 활용됩니다.

- 콜라비: 시원하고 습한 기후를 선호하는 콜라비도 김포 지역에서 잘 자랄 수 있습니다.

3. 강화도

- 바닷가의 기후적 특성에 적합한 작물: 강화도는 바다 근처에 위치하여, 해풍과 염분에 강한 작물이 적합합니다. '갯벌미나리', '바다포도', '해초류'와 같은 해양 식물이 잘 자랄 수 있습니다.

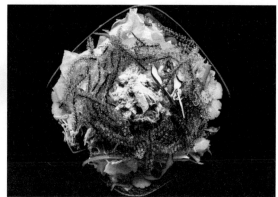

- 염분에 강한 채소류: '상추', '배추', '브로콜리'와 같은 채소류도 강화도의 기후 조건에 적합하며, 다양한 요리에 사용될 수 있어 외식업계와의 연계도 가능합니다.
- 갯벌미나리: 바닷가의 기후적 특성에 적합한 갯벌미나리는 강화도에서 재배하기 좋습니다.
- 허브류: 강화도는 해안가의 기후적 특성이 있으므로 소금기를 견딜 수 있는 작물이 유리합니다. 특히 '레몬 타임'이나 '퍼플 바질'을 추천합니다. 이들 허브는 향이 강하고 다양한 요리에 활용될 수 있어 외식업계와의 연계성이 높습니다.
- 히카마(멕시코 감자): 온난한 기후와 충분한 수분이 필요한 히카마는 강화도의 해안가 기후에 적합할 수 있습니다.

• 하늘마: 비옥한 토양을 선호하는 하늘마는 강화도의 토양 조건에서 잘 자랄 수 있습니다.

이상 인천 검단, 김포, 강화도 지역의 특성을 고려하여 재배하기 좋은 식재료를 제안해 보았습니다. 이는 지역 농업의 다양성과 지속 가능성을 증진하는 데 도움이 될 것입니다. 제시한 식재료는 건강에 좋고, 요리의 다양성을 높이며, 외식업계와의 연계를 강화할 수 있는 잠재력을 지니고 있습니다.

PART 3

계 절 에 따 른 식 탁 의 변 화

자연의 리듬에 맞추어 변화하는 계절은 우리의 식탁에도 다양한 모습으로 표현됩니다. Part 3에서는 계절의 순환과 그에 따라 변화하는 농산물, 그리고 계절별 요리법을 탐구합니다. 각 계절이 주는 독특한 수확물의 특성을 이해하고, 이를 바탕으로 한 요리법과 식단을 소개합니다.

첫 번째 장에서는 봄, 여름, 가을, 겨울. 계절마다 주는 특별한 농산물을 살펴봅니다. 이러한 농산물은 각 계절의 특색을 반영하며, 우리 식탁에 색다른 맛과 영양을 제공합니다.
두 번째 장은 계절별로 다양한 재료를 활용한 요리법을 소개하며, 계절에 맞는 식재료의 사용이 어떻게 음식의 맛과 질감을 풍부하게 하는지를 보여줍니다.

Part 3에서는 계절에 따라 변화하는 자연의 선물을 통해 우리의 식생활이 어떻게 풍요로워질 수 있는지를 보여줍니다. 계절별 농산물의 매력을 이해하고, 이를 통해 건강하고 다채로운 식사를 즐길 수 있는 방법을 탐색합니다.

Creating the Taste of Tomorrow

"자연의 속삭임, 치유의 손길: 농업을 통한 마음과 몸의 회복"

계절의 순환과 농산물:
계절별 특징과 수확물

계절의 순환은 자연의 리듬과 밀접하게 연결되어 있으며, 식탁 위의 농산물에도 그대로 반영됩니다.

각 계절은 독특한 기후 조건을 가지고 있으며, 이에 따라 다양한 농산물이 자라납니다. 이를 이해하고 적절히 활용함으로써, 우리는 건강과 음식의 맛을 최대화할 수 있습니다.

1. 계절별 농산물의 특징

1) 봄

봄은 새로운 생명이 시작되는 계절로, 다양한 신선한 녹색 채소와 초기 수확 과일이 특징입니다. 예를 들어, 봄나물, 두릅, 엄나무 순, 딸기, 앵두, 래디쉬, 아스파라거스, 봄 양파 등이 있습니다. 이들 식재료는 신선하고 가벼운 맛이 특징이며, 겨울 동안 감소한 비타민과 미네랄을 보충해 줍니다.

2) 여름

여름은 풍부한 햇볕과 따뜻한 기후 덕분에 다양한 과일과 채소가 성장하는 계절입니다. 토마토, 오이, 복숭아, 수박 등이 대표적이며, 이들은 풍부한 수분과 영양소를 제공합니다. 여름 농산물은 신선한 샐러드, 주스, 스무디 등에 잘 어울립니다.

3) 가을

가을은 수확의 계절로, 곡물, 견과류, 다양한 뿌리채소들이 성숙하고 호박, 사과, 배, 감자, 고구마 등이 수확됩니다. 이 시기의 식재료는 풍부한 탄수화물과 섬유질을 제공하며, 따뜻한 스튜나 구이 요리에 적합합니다.

4) 겨울

겨울은 대부분의 식물이 휴면 상태에 들어가는 시기로, 저장성이 높은 농산물이 중심이 됩니다. 근채류와 겨울철 시트러스 과일, 견과류 등이 대표적입니다. 겨울 농산물은 몸을 따뜻하게 해주고 필요한 에너지를 제공합니다.

2. 계절에 따른 식탁의 변화

- 식탁의 다양성: 각 계절에 맞는 식재료를 활용함으로써, 식탁은 연중 다양한 맛과 영양으로 채워집니다.
- 지속 가능한 식생활: 계절별 농산물을 이용하는 것은 지역 농업을 지원하고, 식품의 신선도와 영양가를 최대화하며, 환경에 미치는 영향을 줄일 수 있습니다.

3. 계절 식재료의 건강적 중요성

제철 식재료를 섭취함으로써 다양한 영양소를 섭취할 수 있으며, 이는 건강 유지에 도움을 줍니다.

- 면역 체계 강화: 제철 식재료는 그 시기에 맞는 영양소를 제공하여 면역 체계를 강화합니다.
- 질병 예방: 계절별 식재료에 포함된 다양한 영양소는 특정 질병을 예방하고 전반적인 건강을 증진합니다.
- 에너지와 기분 개선: 제철 식재료는 에너지 수준을 높이고 기분을 개선하는 데 도움을 줄 수 있습니다.

계절별 요리법:
제철 재료를 활용한 요리

계절마다 생산되는 독특한 식재료들은 우리 식탁에 다양성과 풍부한 영양을 가져다 줍니다.

제철 재료들을 활용한 계절별 요리는 각 시기의 맛과 정서를 반영하며, 지속 가능한 식문화와 건강한 식습관을 유지하는 데 중요한 역할을 합니다.

1. 계절별 요리의 중요성

1) 신선함과 영양

각 계절에 자라는 식재료는 그 시기에 최적의 맛과 영양분을 제공합니다. 이는 식재료의 신선도가 최고조에 달했을 때의 맛과 영양적 이점을 활용하는 것입니다.

2) 지역 농업 지원 및 지속 가능성

계절에 맞는 지역 재료를 사용하면 수입 식품에 비해 운송과 저장에 필요한 에너지가 적게 들며, 이는 환경에 미치는 부담을 줄이고 지역 농업을 지원합니다.

3) 다양성과 창의성

계절별 다양한 식재료를 활용하면 식탁에 창의성을 더하고 요리하는 즐거움을 배가할 수 있습니다. 이는 또한 지역 문화와 전통을 탐색하고 보존하는 데에도 기여합니다.

2. 계절별 건강요리

인천 서구, 검단, 김포, 강화 지역에서 나는 임농수산물을 활용한 계절별 요리를 추천해 드리겠습니다. 여기에는 어패류, 육류, 가금류 등 다양한 식품 그룹이 포함됩니다.

1) 봄 – 새로운 시작과 면역 강화

봄나물과 녹색 채소는 비타민과 미네랄이 풍부하여 면역 체계를 강화하고 겨울 동안 부족했던 영양소를 보충해 줍니다. 조개탕, 소고기 또는 돼지고기 불고기, 닭볶음탕 그리고 봄나물 비빔밥은 봄철 식탁에 싱그러움과 건강을 더해줄 특별한 요리입니다.

(1) 어패류
- 재료: 해안가에서 잡히는 신선한 봄 조개류와 알이 찬 주꾸미부터 갑오징어, 우럭, 노래미, 볼락, 광어 등 다양한 어종이 있습니다.
- 추천 요리: 조개탕 - 신선한 조개로 만든 따뜻하고 영양가 있는 국물 요리는 면역체계 강화에 도움을 줍니다.

(2) 육류
- 재료: 지역에서 키운 소고기 또는 돼지고기
- 추천 요리: 소고기 또는 돼지고기 불고기 - 달콤하고 매콤한 양념으로 요리한 불고기는 에너지와 영양을 제공합니다.

(3) 가금류
- 재료: 지역 농장의 신선한 닭고기
- 추천 요리: 닭볶음탕 - 닭고기와 봄나물을 이용한 매콤한 찌개로 면역력 강화에 도움을 줍니다.

(4) 봄나물
- 재료: 부지깽이 나물을 비롯한 다양한 봄나물
- 추천 요리: 봄의 신선함 봄나물 비빔밥 - 부지깽이 나물을 비롯한 다양한 봄나물은 비타민과 미네랄이 풍부하여 면역 체계 강화에 도움을 줍니다.

2) 여름 – 수분과 항산화제가 풍부한 식재료

여름 채소와 과일은 수분과 항산화제가 풍부하여 탈수 방지와 피부 건강에 도움을 줍니다.

(1) 어패류
- 재료: 지역 바다에서 잡히는 신선한 여름 어종. 야들야들 연하거나 질기지 않아 가장 맛있는 초여름 우럭부터 여름 생선의 최고봉 농어와 노래미, 붕장어, 감성돔 등

- 추천 요리: 생선구이 - 간단한 양념으로 구워낸 신선한 생선은 고단백 저지방으로 심혈관 건강과 두뇌 기능에 도움을 줍니다.

(2) 육류

- 재료: 지역에서 키운 소고기 또는 돼지고기
- 추천 요리: 양갈비 구이 외 - 여름밤 바비큐에 안성맞춤인 양갈비는 철분과 비타민 B_{12}가 풍부하여 빈혈 예방과 신경 기능 유지에 유익합니다.

(3) 가금류

- 재료: 닭고기
- 추천 요리: 치킨 샐러드 - 신선한 여름 채소와 함께 제공되는 가벼운 닭고기 샐러드에서 닭고기는 고단백 저지방 식품으로 근육 강화와 체중 관리에 도움을 줍니다.

3) 가을 – 에너지와 면역력 증진

가을에 수확되는 곡물과 뿌리채소는 에너지를 제공하고, 면역 체계를 강화하는 비타민과 미네랄이 풍부합니다.

(1) 어패류

- 재료: 가을철 대하, 꽃게, 통통하게 살이 오른 가을 주꾸미부터 갑오징어, 갈치, 숭어, 광어, 우럭, 감성돔 등
- 추천 요리: 대하 또는 꽃게찜 - 간단한 양념으로 찐 신선한 어패류는 오메가-3 지방산, 비타민 D, 미네랄이 풍부하여 심혈관 건강, 뼈 건강, 그리고 면역력 강화에 유익합니다.

(2) 육류

- 재료: 지역에서 키운 소고기 또는 돼지고기
- 추천 요리: 갈비찜 - 감자와 당근이 들어간 달콤하고 부드러운 갈비찜에서 육류는 고단백 식품으로 근육 형성과 회복에 도움을 줍니다.

⑶ 가금류

- 재료: 오리고기
- 추천 요리: 오리주물럭 - 가을의 향긋함을 더한 오리주물럭은 불포화 지방산이 풍부하여 콜레스테롤 수치를 개선하고, 비타민 A와 철분이 많아 면역력 강화와 빈혈 예방에 도움을 줍니다.

4) 겨울 – 몸을 따뜻하게 하는 식재료

겨울철 식재료는 몸을 따뜻하게 해주고, 겨울철 특유의 감염증을 예방하는 데 도움을 줍니다.

⑴ 어패류

- 재료: 겨울철 대표 어종. 방어, 숭어, 광어, 우럭, 새조개, 석화, 멍게 등
- 추천 요리: 생선회 - 신선한 겨울 생선으로 만든 담백한 회는 고단백 저지방 식품으로 오메가-3 지방산, 비타민 D, 그리고 다양한 미네랄이 풍부하여 심혈관 건강, 뼈 건강, 그리고 면역력 강화에 유익합니다.

⑵ 육류

- 재료: 지역에서 키운 한우 또는 돼지고기
- 추천 요리: 수육 - 소고기 또는 돼지고기를 부드럽게 삶아낸 수육은 고단백 식품으로 근육 형성과 회복에 도움을 주며, 철분과 비타민 B_{12}가 풍부하여 빈혈 예방과 신경 기능 유지에 유익합니다.

⑶ 가금류

- 재료: 칠면조 또는 닭고기
- 추천 요리: 로스트 칠면조 또는 닭 - 겨울 축제나 모임에 적합한 로스트 요리, 그중에서도 가금류는 고단백 저지방 식품으로 근육 강화와 체중 관리에 도움을 주며, 비타민 B_6와 셀레늄이 풍부하여 면역력 증진과 신진대사 촉진에 유익합니다.

이러한 계절별 건강 요리들은 인천 서구, 검단, 김포, 강화 지역의 풍부한 임농수산물을 활용하여, 각 계절에 필요한 영양과 맛을 제공합니다. 지역의 신선한 식재료로 만든 요리는 건강 유지와 면역 체계 강화에 중요한 역할을 합니다.

3. 셰프 추천 계절별 건강요리

1) 봄의 신선함 봄나물 비빔밥(2인분)

이 요리는 봄철 식탁에 신선함과 건강을 동시에 선사합니다. 맛있고 영양가가 높아서 봄의 다채로운 맛을 즐기기에 완벽합니다.

(1) 건강에 좋은 이유

- 봄나물은 면역력 강화와 소화 촉진에 도움을 주며, 다양한 비타민과 미네랄을 제공합니다. 또한 봄철에 부족하기 쉬운 영양소를 보충하는 데 효과적입니다.
- 부지깽이 나물: 울릉도 취나물이라고 불리는 부지깽이는 인천 검단 대곡동에서도 재배가 잘되며 면역력 강화와 소화 촉진에 도움을 주는 나물입니다.
- 개죽나무 순과 개두릅: 왕길동에 50년 이상 된 개죽나무가 많은데 감칠맛과 향긋한 박하 향이 특징인 건강식입니다.

재료
- 봄나물: 부지깽이 나물, 취나물, 세발나물, 돌나물, 원추리, 두릅, 씀바귀, 방풍나물, 달래, 냉이

기본 재료
- 밥 2공기, 참기름, 깨소금

고추장양념 재료
- 고추장 2숟가락
- 매실청 1숟가락
- 물 1숟가락
- 올리고당 0.5숟가락
- 참기름 1숟가락
- 깨 1숟가락

- 고추장 2 : 설탕 1의 비율로 양념장 만들어 주재료 100g(채소, 돼지고기, 소고기, 닭고기 등)당 30g씩 넣어주면 간이 딱 맞는 만능 양념장으로 사용할 수 있다.

(2) 조리방법

■봄나물 준비

• 나물들을 깨끗이 씻고 적당한 크기로 자릅니다. 봄나물은 데친 후 물에 담가 독성을 제거합니다.

• 나물을 별도로 무쳐 참기름과 깨소금으로 간을 맞춥니다.

■고추장양념 만들기

• 고추장 2숟가락, 매실청 1숟가락, 물 1숟가락, 올리고당 0.5숟가락, 참기름 1숟가락, 깨 1숟가락을 섞어 묽고 달달한 고추장양념을 만듭니다.

■비빔밥 플레이팅

• 밥 위에 나물들을 예쁘게 올리고, 만든 고추장양념을 넉넉히 곁들여 제공합니다.

(3) 요리의 특징

• 맛: 상큼함, 고소함, 매콤달콤함

• Layering Flavor: 각각의 봄나물의 개성 있는 맛과 고추장양념의 조화로운 맛이 특징입니다.

• 조리 시간: 10분 이내

자연의 치유식탁

2) 여름 건강요리: 농부가 재배한 신선한 여름의 채소쌈과 모둠 바비큐

농부가 재배한 신선한 여름의 채소쌈과 모둠 바비큐는 여름철 야외 활동에 적합한 요리로, 신선한 채소와 함께 고기를 즐기며 영양 균형과 즐거움을 동시에 제공합니다. 이 요리들은 여름철에 필요한 영양소를 제공하며, 가족과 친구들과의 소중한 시간을 보내기에 완벽합니다.

(1) 건강에 좋은 이유

- 채소쌈은 여름철에 필요한 수분과 비타민을 공급하며, 바비큐 고기는 단백질과 아미노산을 풍부하게 제공합니다. 이 조합은 여름철 건강한 식사를 위한 완벽한 선택입니다.
- 이 레시피는 여름철 식탁에 신선함과 건강을 함께 선사합니다. 다양한 맛과 영양의 조화는 여름철 식사를 더욱 특별하게 만들어 줄 것입니다.

(2) 조리방법

■ 차콜 및 바비큐 웨버 장비

- 차콜(숯): 고품질의 목탄을 준비하는 것을 추천드립니다. 숯은 균일하게 가열되고 열이 오래 지속됩니다.
- 바비큐 웨버 그릴: 웨버 그릴은 열을 고르게 분산하고 온도 조절이 용이합니다. 뚜껑이 있는 모델을 선택하면 훈연 효과도 낼 수 있습니다. 보통 4인용 모델이 청소하기와 관리하기가 좋습니다.
- 그릴 액세서리: 장갑, 집게, 청소 브러쉬 등 기본적인 그릴 액세서리를 준비하는 게 좋습니다.

■ 고기류 및 바비큐 꼬치

- 고기 선택: 소고기, 돼지고기, 닭고기, 양고기 등 다양한 종류의 고기를 준비합니다. 각각 200g 정도면 2인분에 적당합니다.
- 바비큐 꼬치: 채소나 작은 고기 조각을 꿰어 꼬치 바비큐를 만들기에 적합합니다.

■마리네이드 레시피(100g 기준, 모든 육고기에 적용 가능)

• 주식=짠맛 0.9%+감칠맛 0.4%+향 0.1%+맛의 층

1. 짠맛(0.9%)

• 소금(0.9g) : 기본적인 짠맛을 제공합니다.

2. 감칠맛(0.4%)

• 연두 혹은 참치 액젓(5g) : 감칠맛을 강화합니다.

• 올리브유(2큰술): 고기의 풍미를 끌어올립니다.

3. 향(0.1%)

• 허브(선택적으로 로즈메리, 타임 등 1작은술) : 향을 더해줍니다.

• 다진 마늘(1작은술) : 강한 향을 제공합니다.

• 후추(½작은술): 향신료로서 향을 더합니다.

■조리 방법

• 고기는 이 마리네이드에 최소 30분 이상 재워 둡니다.

(3) 마리네이드 및 러브(Rub)

• 마리네이드: 소금, 올리브유, 참치액젓, 연두, 마늘, 후추, 허브 등으로 만든 마리네이드를 준비합니다. 고기는 최소 30분 이상 마리네이드에 재워 둡니다. 쉬운 마리네이드 방법은 고기 100g당 소금 0.9%로 0.9g과 연두 5g으로 짠맛과 감칠맛을 맞춘 후에 여러 향신채로 색과 향을 입혀주면 아주 맛있는 마리네이드가 됩니다.

• 러브(Rub): 고기에 바를 건조한 양념으로, 파프리카, 갈릭 파우더, 양파 가루, 소금, 후추 등으로 만듭니다. 러브는 음식에 색상과 향, 그리고 표면에 바삭함과 거친 질감을 주는 재료입니다. 러브 없이 굽기도 하지만, 고기에 러브를 발라 구우면 육고기에서 다양한 맛과 향을 즐길 수 있습니다.

- 파프리카(1큰술): 색과 향에 기여합니다.

- 갈릭 파우더(1작은술): 마늘의 향과 맛을 더합니다.

- 양파 가루(1작은술): 양파의 달콤하고 향긋한 맛을 더합니다.

- 후추($\frac{1}{4}$작은술): 향신료로서의 역할을 하며, 약간의 매운맛을 더합니다.

(4) 채소쌈 준비

- 채소 선택: 상추, 깻잎, 오이, 피망, 당근 등 다양한 채소를 준비합니다. 채소는 신선하고 아삭한 것이 좋습니다.
- 쌈장 준비: 고추장, 된장, 설탕, 마늘, 참기름 등으로 만든 쌈장을 준비합니다.

(5) 조리 방법

- 그릴 준비: 그릴을 예열합니다. 숯이 흰 재로 덮일 때까지 기다린 후, 고기를 올립니다.
- 고기 굽기: 고기는 겉면이 바삭해질 때까지 굽고, 중간에 한 번 뒤집어 줍니다.
- 채소쌈 제공: 채소는 신선하게 준비하여 고기와 함께 제공합니다.
- 꼬치 바비큐: 준비된 꼬치를 그릴에 올려 골고루 굽습니다.

(6) 주의 사항

- 안전: 그릴 사용 시 화상에 주의하세요. 안전 장갑을 착용하는 것이 좋습니다.
- 온도 관리: 고기가 타지 않도록 온도를 잘 조절해야 합니다.

계절에 따른 식탁의 변화

3) 가을 농산물로 몸과 마음을 치유하는 3가지 형식의 오리주물럭

가을철 건강에 좋은 식재료를 활용한 다양한 오리주물럭 레시피를 소개합니다. 이 레시피는 고추장, 간장, 소금을 사용한 세 가지 버전이 있습니다.

(1) 건강에 좋은 이유

- 오리고기: 고단백, 저지방, 필수 아미노산이 풍부하여 근육 건강과 체중 관리에 도움을 줍니다.
- 양파, 대파: 항산화 물질과 비타민이 풍부하여 면역력 증진과 염증 감소에 기여합니다.
- 새송이버섯: 면역력 강화 및 콜레스테롤 수치 감소에 도움을 줍니다.
- 땅콩 호박: 비타민 A와 섬유질이 풍부하여 소화 건강 및 시력 보호에 좋습니다.

(2) 조리방법

- 오리고기는 한 입 정도의 적당한 크기로 썰어 준비합니다.
- 양파, 대파, 새송이버섯, 땅콩 호박을 자유롭게 썰어 준비합니다.
- 3개의 스테인리스 볼에 준비한 고추장 양념재료, 간장양념 재료, 소금양념 재료들을 볼에 섞어 양념장을 만듭니다.
- 오리고기에 각각의 양념장을 골고루 바르고 잘 버무립니다.
- 팬에 오리고기와 준비된 채소들을 볶아줍니다.

■주재료

• 오리고기 1kg • 양파1개 • 대파 1개 • 새송이버섯 1개 • 땅콩 호박 1개 • 떡볶이 떡 5개 • 표고버섯 1/2개 • 감자 1개

■고추장 양념 재료(1kg):

• 짠맛+감칠맛+세이버리 향+맛의 층
  (짠맛 0.9%, 감칠맛 0.4%, 단맛 7.8%)

※고추장 2 : 설탕 1

　고기 100g에 양념장 30g

짠맛(0.9%)

• 고추장(300g): 주된 짠맛의 원천
• 진간장(4큰술): 부가적인 짠맛을 제공

감칠맛(0.4%)

• 연두 혹은 참치액젓(60g): 감칠맛의 핵심원천
• 맛술(30g): 감칠맛을 보조

세이버리 냄새(0.1%)

• 다진 마늘(50g): 강한 냄새를 제공
• 생강즙(15g): 향긋한 냄새를 더함

맛의 층

• 설탕 혹은 매실청(150g): 단맛을 제공
• 올리고당(70g): 단맛을 부드럽게 함
• 물(70g): 양념의 일관성을 조절
• 참기름, 통깨: 고소한 향을 더함
• 오뚜기 카레(15g): 향미와 색을 더해줌
• 녹인 버터(30g): 부드러움과 풍미를 증진
• 후추, 고춧가루(30g): 매운맛을 제공

■간장 양념 재료(1kg):

• 짠맛+감칠맛+세이버리 향+맛의 층
(짠맛 0.9%, 감칠맛 0.4%, 단맛 7.8%)

※간장 2 : 설탕 1
　고기 100g에 양념장 8g

짠맛(0.9%)

• 진간장(75g): 주된 짠맛의 원천
• 굴소스(20g): 부가적인 짠맛을 제공

감칠맛(0.4%)

• 연두 혹은 참치액젓(15g): 감칠맛의 핵심원천
• 청주(30g): 감칠맛을 강화

세이버리 냄새(0.1%)

• 다진 마늘(50g): 강한 냄새를 제공
• 대파(50g): 향긋한 냄새를 더함

맛의 층

• 설탕(30g): 단맛을 제공
• 올리고당(20g): 단맛을 부드럽게 함
• 참깨, 참기름: 고소한 향을 더함
• 후추: 약간의 매운맛을 제공

■소금 양념 재료(1kg):

• 짠맛+감칠맛+세이버리 향+맛의 층
(짠맛 0.9%, 감칠맛 0.4%, 단맛 7.8%)

※소금 1 : 설탕 7.8
　고기 100g에 양념장 8.8g

짠맛(0.9%)

• 천일염(9g): 짠맛의 주된 원천

감칠맛(0.4%)

• 연두소스 혹은 참치액젓(15g): 감칠맛을 제공
• 맛술(30g): 감칠맛을 부드럽게 하며, 더 풍부한 향을 제공

세이버리 냄새(0.1%)

• 다진 마늘(50g): 향긋하고 강한 냄새를 제공
• 대파(50g): 세이버리 냄새를 더해주며, 깊은 향을 제공

맛의 층

• 설탕(60g): 단맛을 제공하여 짠맛과의 균형을 맞춤
• 참기름: 고소한 향을 더해주며, 맛의 층을 높임
• 후추: 약간의 매운맛을 제공하며, 풍미를 증진함

⑶ 요리의 특징

- 고추장 오리주물럭: 매콤하고 달콤한 맛이 특징으로, 고추장의 감칠맛과 채소의 신선함이 조화롭게 어우러집니다.
- 간장 오리주물럭: 간장의 짭짤함과 채소의 달콤함이 조화를 이루며, 부드러운 맛의 조화가 특징입니다.
- 소금 오리주물럭: 소금을 기반으로 한 담백한 맛이 특징이며, 오리고기의 고소함과 채소의 자연스러운 맛을 즐길 수 있습니다.

4) 겨울 건강을 지켜주는 굴요리

겨울에는 굴이 제철이라 맛이 더욱 풍부해집니다. 굴 요리는 그 독특한 질감과 깊은 맛으로 많은 사람들의 사랑을 받습니다. 다음은 겨울철에 즐길 수 있는 몇 가지 굴 요리입니다.

- 굴전(Korean Oyster Pancakes): 한국식 굴전은 굴과 부침가루를 섞어 만든 부침개입니다. 바삭하고 고소한 맛이 특징이며, 간장에 살짝 찍어 먹으면 더욱 맛있습니다. 겨울철 소박하면서도 특별한 음식으로 좋습니다.
- 굴 스튜(Oyster Stew): 크림이나 우유를 베이스로 한 굴 스튜는 굴의 풍부한 맛과 크리미한 질감이 조화를 이룹니다. 다진 마늘, 양파, 셀러리 등을 추가하여 풍미를 더할 수 있습니다.

- 굴 무침(Spicy Korean Oyster Salad): 신선한 굴을 간장, 고추장, 참기름, 파, 마늘 등과 섞어 만듭니다. 새콤달콤하고 약간 매콤한 맛이 특징이며, 냉채처럼 즐길 수 있습니다.
- 구운 굴(Grilled Oysters): 굴을 껍데기째로 구워 먹는 방법입니다. 굴 위에 버터와 허브, 마늘 등을 올려 구우면 훈제 향이 나면서 맛이 깊어집니다.
- 굴 까르보나라(Oyster Carbonara): 전통 이탈리아 까르보나라에 굴을 추가하면 크리미한 소스와 굴의 짭짤한 맛이 잘 어우러집니다.
- 굴 소바(Oyster Soba Noodles): 일본식 소바 면에 신선한 굴을 올린 요리로, 따뜻한 국물과 함께 제공되며 겨울에 따뜻하게 즐길 수 있는 메뉴입니다.

(1) 건강에 좋은 이유

겨울철에 건강을 지키는 데 탁월한 선택인 굴 요리는 영양가가 높고 면역력 강화에 도움을 줍니다. 굴은 아연, 비타민 B_{12}, 오메가-3 지방산, 철분 등이 풍부해 겨울철 건강 관리에 이상적입니다.

- 아연: 면역 체계를 강화하고 세포 재생을 돕습니다.
- 비타민 B_{12}: 신경계 건강 유지와 적혈구 형성에 중요합니다.
- 오메가-3: 심혈관 건강 증진과 염증 감소에 도움을 줍니다.
- 철분: 에너지 생성과 산소 운반에 필수적입니다.

(2) 조리방법

- 굴 준비: 굴은 깨끗이 씻어 물기를 가볍게 털어줍니다.
- 채소 볶기: 중간 불에서 큰 솥에 버터를 녹인 후 다진 양파, 마늘, 셀러리를 볶아 향을 냅니다.
- 루 만들기: 채소가 부드러워지면 밀가루를 넣고 잘 섞어 약 2분간 볶습니다.
- 우유 추가: 우유를 천천히 부으며 계속 저어줍니다.
- 굴 추가: 굴을 넣고 약 5분간 끓입니다.
- 생크림 넣기: 생크림을 넣고 소금, 후추로 간을 맞춥니다.
- 완성: 스튜가 끓기 시작하면 불을 끄고 신선한 파슬리로 장식합니다.

(3) 요리의 특징

- 굴 스튜는 굴의 진한 맛과 크림의 부드러움이 잘 어우러져 풍미가 좋습니다.
- 겨울철에 따뜻하게 먹기 좋으며, 몸을 따뜻하게 해주는 효과가 있습니다.
- 간단하면서도 영양가가 높아 가족 식사나 손님 접대에 적합합니다.

굴 스튜는 겨울철 건강 관리에 탁월한 선택으로, 굴의 영양적 혜택을 최대한 활용하면서 맛도 훌륭합니다. 따뜻한 굴 스튜 한 그릇은 추운 겨울날에 몸과 마음을 모두 따뜻하게 해줄 것입니다.

※굴 스튜(2인분)

주재료
- 신선한 굴: 약 250g

소스 재료
- 버터: 1큰술
- 밀가루: 1큰술
- 우유: 1컵
- 생크림: 1/2컵

맛을 내는 재료
- 짠맛: 소금(염도 0.9% 적당)
- 감칠맛: 굴 자체에서 나는 자연스러운 우아미
- 세이버리 냄새:
  · 다진 양파: 1/2개
  · 다진 마늘: 1쪽
  · 셀러리: 1줄기, 잘게 썬 것
  · 신선한 파슬리: 장식용

PART 4

치유 농업의 기초와 허브의 치유력

Part 4에서는 치유 농업의 기본 원리와 허브가 가진 치유력에 대해 탐구합니다. 치유 농업은 단순히 식량을 생산하는 것을 넘어, 심신의 건강과 치유에 중점을 두는 농업 방식입니다. Part 4에서는 치유 농업이 어떻게 우리의 삶에 긍정적인 영향을 미칠 수 있는지를 살펴봅니다.

첫 번째 장, '치유 농업의 이해'에서는 치유 농업의 개념과 그 중요성을 소개합니다. 이 방식은 자연과의 깊은 연결을 통해 정신적, 육체적 건강을 증진하는 데 초점을 맞춥니다. 치유 농업은 사람들이 자연과 더 긴밀하게 소통하고, 일상의 스트레스로부터 벗어나 건강한 삶을 영위하도록 돕습니다.

두 번째 장에서는 '허브의 역사와 치유적 속성'을 다룹니다. 오랜 역사를 가진 허브는 다양한 문화에서 치유 목적으로 사용되어 왔습니다. 이 장에서는 허브의 종류와 독특한 치유적 속성, 그리고 이들이 어떻게 다양한 건강 문제에 도움을 줄 수 있는지에 대해 깊이 있게 탐구합니다.

치유 농업과 허브의 치유력에 대한 이해는 우리가 자연과 조화를 이루며 건강하게 살아갈 수 있는 길을 제시합니다. Part 4는 자연이 가진 치유의 힘을 탐색하고, 그것이 어떻게 우리의 일상에 적용될 수 있는지를 보여줍니다.

Creating the Taste of Tomorrow

"자연의 속삭임, 치유의 손길: 농업을 통한 마음과 몸의 회복"

치유 농업의 이해

치유 농업은 단순히 땅을 일구고 작물을 수확하는 행위 이상의 깊은 의미를 지닙니다. 김금숙 씨의 삶을 통해 우리는 농업이 어떻게 개인의 삶에 근본적인 변화와 치유를 가져올 수 있는지 이해할 수 있습니다.

김금숙 씨는 결혼 후 고단한 시집살이와 가정을 꾸려나가는 과정에서 일상의 안식을 찾지 못했습니다. 그러나 그녀는 농업을 통해 삶의 새로운 의미와 평안을 발견했습니다. 인천 검단구 대곡동의 땅에서 밤낮으로 농사를 지으며, 힘들지만 기쁨을 느끼는 삶을 살고 있습니다. 그녀는 친구들과 함께 일하고, 흙을 만짐으로써 육체적으로는 고달프지만, 정신적으로는 만족감을 느낍니다.

김금숙 씨의 농사는 계절에 따라 변화합니다. 3월에 시작하여 11월에 수확을 마친 후, 겨울에는 메주와 고추장을 만듭니다. 이러한 농사 일정은 그녀에게 생활의 리듬을 제공하며, 계절의 변화를 느끼게 합니다.

농업은 김금숙 씨에게 단순한 수입원이 아니라 삶의 방식이자 치유의 수단입니다. 그녀는 흙을 밟으며 잡념에서 벗어나고, 힘들어도 미래를 향한 희망을 잃지 않습니다. 그녀의 이야기는 농업이 단순한 경제적 활동을 넘어서 정신적 안정과 내적 평화에 도움이 될 수 있음을 보여줍니다.

김금숙 씨의 사례는 농업이 단순히 먹거리를 생산하는 것 이상의 가치를 지닌다는 것을 보여줍니다. 그것은 자연과의 교감을 통해 심신의 치유를 가능하게 하는 강력한 수단입니다. 그녀의 이야기는 치유 농업이 어떻게 인간의 삶에 긍정적인 변화를 가져올 수 있는지를 명확하게 보여주는 강력한 예시입니다.

UNIT 1. 정의, 기원 및 현대적 적용

치유농업(Care Farming)은 지원이나 지도가 필요한 사람들에게 치유의 기회를 제공하는 농업 활동으로 정의됩니다. 이 방식은 치유와 농업을 결합하여, 치유농장주는 자신의 의지로 치유농업을 선택하고, 다른 사람들과 농장에서 얻는 긍정적인 경험을 기꺼이 공유합니다.

치유농장은 작물 농장, 원예 농장, 돼지 또는 낙농업 농장, 과일 재배 농장 등 다양한 형태가 될 수 있으며, 친환경적인 방식으로 운영됩니다. 이러한 농장들은 다양한 참가자들에게 도움과 관심을 제공하며, 사회적 부대시설 및 노동 훈련을 통해 안내합니다.

UNIT 2. 실제 사례를 통한 효과 분석

치유농장에서는 정신적으로 변화된 사람들, 정신질환을 앓는 사람들, 재소자, 중독자, 문제가 있는 청소년, 구직에 어려움을 겪는 사람들, 퇴직 후 새로운 환경에서 일을 찾고자 하는 노인 등 다양한 대상 집단이 참여합니다. 이들에게 치유농장은 일과를 제공하며, 사회적 계약과 기술을 얻기 위한 노동 리듬을 훈련하는 공간입니다.

치유농장은 개인의 욕구, 활동, 장애가 있는 사람들이나 사회적 고립에 대한 위협을 경험하는 사람들과의 통합과 재사회화를 위한 공간으로, 내면의 평안을 찾는 데 도움을 줍니다. 공동으로 소유하는 것을 원칙으로 하며, 참가자들은 농장에서의 일을 통해 개인적인 성장을 경험하게 됩니다.

치유농업은 현대 사회에 적합하며, 다양한 사람들에게 치유와 자기개발의 기회를 제공하는 중요한 역할을 합니다. 이는 농업 활동을 통해 정신적, 신체적, 사회적 치유를 촉진하는 혁신적인 접근 방식으로, 개인과 커뮤니티에 긍정적인 영향을 미치는 것으로 나타나고 있습니다.

허브의 역사와
치유적 속성

UNIT 1. 허브의 문화적 중요성 및 건강 이점

허브는 인류 역사와 밀접하게 연관되어 있습니다. 오랜 시간 동안 다양한 문화에서 의학적, 요리적, 심지어 영적인 용도로 사용되어 왔습니다. 허브의 의학적 사용은 고대 이집트와 중국, 인도 등에서 발견되는 기록을 통해 확인할 수 있습니다. 이들 문화에서는 허브를 질병 치료와 건강 유지에 사용했습니다.

허브는 자연에서 얻은 약용 식물로서, 건강상의 여러 이점이 있습니다. 예를 들어, 라벤더는 스트레스 완화와 수면 촉진에 효과적이고, 박하는 소화를 돕고 두통을 완화하는 데 사용됩니다. 또한 허브는 항산화제, 항염증제 및 항균성 물질을 포함하고 있어, 여러 건강 문제를 예방하고 치료하는 데 도움이 될 수 있습니다.

UNIT 2. 다양한 허브의 활용 방법

허브는 다양한 방식으로 활용될 수 있습니다. 가장 일반적인 방법은 요리에 허브를 첨가하는 것입니다. 허브는 신선하거나 건조된 형태로 사용되며, 다양한 요리에 풍미와 향을 더합니다. 또한 허브차로도 많이 마시는데, 이는 소화를 돕고 긴장을 완화하는 데 효과적입니다.

외용으로는 허브 오일이나 연고로 사용하는데 이는 피부 문제의 치료나 통증 완화에 효과가 있습니다. 아로마테라피에서는 허브의 향을 이용하여 정신적, 신체적 안정을 추구합니다.

치유 요리에서 향료와 허브의 사용은 음식의 맛과 향을 향상하는 것 이상의 중요한 역할을 합니다. 이들은 고유의 건강상 이점이 있으며, 음식에 영양적 가치를 추가하는 동시에, 요리의 치유력을 강화합니다.

허브의 치유적 속성을 최대한 활용하기 위해서는 적합한 허브를 선택하고 적절한 방법으로 사용하는 것이 중요합니다. 허브마다 고유의 특성과 이점이 있으므로, 개인의 건강 상태와 필요에 맞게 선택하는 것이 좋습니다.

1. 천연 항산화제의 원천

향료와 허브에는 대부분 강력한 항산화 성분이 포함되어 있습니다. 이러한 항산화제는 신체의 산화 스트레스와 싸우고, 세포 손상을 예방하는 데 도움을 줍니다. 예를 들어, 커큐민을 함유한 강황, 폴리페놀이 풍부한 로즈메리와 타임이 있습니다.

1) 천연 항산화제의 정의와 중요성
- 항산화제의 역할: 항산화제는 신체 내 불안정한 분자인 자유 라디칼과 반응하여 활동을 억제합니다. 이로 인해 세포 손상과 산화 스트레스를 줄여 건강을 유지하는 데 도움을 줍니다.

2) 천연 항산화제가 풍부한 향료 및 허브

- 강황과 커큐민: 강황에 함유된 커큐민은 강력한 항염과 항산화 효과가 있으며, 염증 감소, 관절 건강 증진과 전반적인 신체 기능 개선에 도움을 줍니다.
- 로즈메리와 타임: 폴리페놀이 풍부한 로즈메리와 타임은 항산화, 항균, 항바이러스 특성이 있어 소화 촉진, 면역력 강화와 건강 증진에 기여합니다.

3) 항산화제의 요리적 활용

- 맛과 향의 향상: 허브를 요리에 사용하면 맛과 향이 향상됩니다.
- 영양적 가치 증가: 이들 허브는 음식의 영양적 가치를 높이고 치유력을 강화합니다.
- 다양한 항산화제 포함: 자연스러운 방법으로 식단에 다양한 항산화제를 포함할 수 있습니다.

4) 건강 증진과 전반적인 웰빙에 미치는 영향

- 신체적 건강 증진: 천연 항산화제는 신체적 건강을 증진하고, 세포의 건강을 유지하는 데 중요한 역할을 합니다.
- 전반적인 웰빙 기여: 이들 항산화제의 사용은 전반적인 웰빙에 기여합니다.
- 치유 요리의 중요 부분: 천연 항산화제의 활용은 치유 요리에서 중요한 부분으로, 음식을 통한 건강 증진에 큰 역할을 합니다.

2. 항염증 및 항균 효과

일부 향료와 허브는 항염증 및 항균 특성이 있어, 소화 개선, 감염 예방, 그리고 염증 감소에 도움을 줄 수 있습니다. 예를 들어, 마늘과 생강은 자연스러운 항염증제로 알려져 있습니다. 항염증 및 항균 효과를 가진 향료와 허브는 치유 요리에서 매우 중요한 역할을 합니다. 이들은 소화 개선, 감염 예방, 그리고 염증 감소에 기여함으로써 전반적인 건강을 증진합니다.

1) 마늘: 마늘이 가진 강력한 항염증 효과는 알리신(Allicin)이라는 활성 성분 덕분입니다. 알리신은 마늘을 자르거나 으깰 때 생성되며, 강력한 항균 및 항바이러스 특성이 있습니다. 마늘은 소화 기능을 개선하고, 심혈관 건강을 증진하며, 면역 체계를 강화하는 데 도움을 줍니다.

2) **생강:** 생강은 그 특유의 매운맛과 향 덕분에 널리 사용되는 허브로, 주요 활성 성분인 진 저롤(Gingerol)이 강력한 항염증 및 항산화 효과를 제공합니다. 생강은 소화를 촉진하고, 메스꺼움을 완화하며, 근육통과 관절염 통증을 줄이는 데 효과적입니다.

3) **추가적인 효과:** 항염증과 항균 효과가 있는 향료와 허브는 요리에 풍미를 더하면서 동시 에 건강에 이로운 영향을 미칩니다. 예를 들어, 향료와 허브를 사용하여 조리한 음식은 염 증과 관련된 건강 문제에 대한 자연적인 대응책을 제공하며, 전통적인 약초로서의 역할을 수행합니다.

3. 맛과 향의 풍부함

향료와 허브의 사용은 치유 요리의 핵심 요소 중 하나로, 그들이 제공하는 맛과 향은 음식의 품질을 높이고, 건강한 식단을 유지하는 데 기여합니다. 이러한 재료들은 음식에 복합적인 맛 과 향을 부여하며, 소금과 설탕과 같은 덜 건강한 조미료의 사용을 줄일 수 있게 합니다.

1) **맛과 향의 다양성:** 향료와 허브는 음식에 다양한 풍미와 향을 제공합니다. 이들은 각기 다른 맛의 깊이와 복잡성을 음식에 더하며, 이를 통해 요리의 맛을 향상시킵니다. 예를 들어, 바질은 달콤하면서도 향긋한 맛을, 오레가노는 강렬하고 톡 쏘는 맛을, 파슬리는 신선하고 약간 쌉싸름한 맛을 음식에 더합니다.

2) **건강한 식단 지원**: 향료와 허브의 사용은 건강한 식단을 유지하는 데 중요한 역할을 합니다. 이들은 천연의 맛과 향을 제공함으로써, 음식에 소금이나 설탕을 과도하게 첨가하는 것을 방지할 수 있습니다. 이는 특히 나트륨 섭취를 줄이고자 하는 사람들에게 유용합니다.

3) **다양한 요리 활용**: 바질, 오레가노, 파슬리와 같은 허브는 다양한 요리에 활용할 수 있습니다. 신선한 형태로는 샐러드, 소스, 드레싱에 사용되며, 건조된 형태로는 스튜, 수프, 구이 요리에 풍미를 더합니다. 이들은 음식에 색다른 맛과 향을 부여하면서도, 요리의 원래 맛을 유지한 채로 조화를 이룹니다.

4) **식사의 만족도 증진**: 향료와 허브를 활용한 요리는 식사의 만족도를 높입니다. 이들은 일상적인 음식에 새로운 맛의 차원을 더함으로써, 식사를 더욱 즐겁고 기억에 남는 경험으로 만들어줍니다.

4. 정서적 및 정신적 웰빙 증진

향료와 허브가 정서적 및 정신적 웰빙에 미치는 긍정적인 영향은 매우 중요합니다. 이들은 다음과 같은 방법으로 정서적 및 정신적 건강을 증진하는 데 기여합니다.

1) **스트레스 및 불안 감소**: 특정 허브와 향료에는 스트레스와 불안을 줄이는 효과가 있습니다. 예를 들어, 라벤더 향은 긴장을 완화하고 마음을 진정시키는 데 널리 사용됩니다. 라벤더 오일을 사용한 아로마테라피는 불면증 및 불안 장애 치료에도 효과적일 수 있습니다.

2) **정서적 균형 유지**: 일부 허브, 특히 박하와 같은 향료는 정서적 균형을 유지하는 데 도움을 줄 수 있습니다. 박하의 신선하고 청량한 향은 마음을 맑게 하고 집중력을 향상하는 데 기여합니다. 또한, 박하는 소화 촉진에도 도움이 되어 신체적 안정감을 증진합니다.

3) **이완 및 휴식 촉진**: 향료와 허브는 이완과 휴식을 촉진하는 데도 중요한 역할을 합니다. 카모마일(Chamomile), 발레리안(Valerian)뿐만 아니라 라벤더와 박하는 긴장을 풀고 깊은 이완을 유도하는 데 효과적입니다. 이들은 차 형태로 섭취하거나, 목욕물에 첨가하거나, 아로마테라피를 통해 사용될 수 있습니다.

4) **정신적 명료성 증진**: 일부 허브와 향료는 정신적 명료성과 집중력 향상에 도움을 줄 수 있습니다. 로즈메리와 박하는 기억력과 집중력 증진에 효과적이라고 알려져 있습니다. 이들은 학습과 업무 환경에서 집중력을 높이는 데 유용하게 사용될 수 있습니다.

5) **정신적 피로 회복**: 허브와 향료는 정신적 피로를 회복하는 데 도움이 됩니다. 예를 들어, 시트러스 계열의 향료는 기분을 상쾌하게 하고 에너지를 회복하는 데 효과적입니다.

5. 통합적인 치유 접근

통합적인 치유 접근은 치유 요리의 중요한 부분으로, 향료와 허브를 단순한 식재료가 아니라 건강과 웰빙을 촉진하는 핵심 요소로 간주합니다. 이 접근법은 다음과 같은 몇 가지 중요한 측면을 포함합니다.

1) **치유적 특성의 인식과 활용**: 향료와 허브는 저마다 고유의 치유적 특성이 있습니다. 예를 들어, 생강은 소화 촉진과 항염 작용이 있으며, 로즈메리는 기억력 향상과 정신적 명료함을 증진하는 데 도움을 줄 수 있습니다. 이러한 특성을 이해하고 요리에 적절히 활용함으로써, 식사는 단순한 영양 섭취를 넘어서 신체와 마음에 긍정적인 영향을 미치는 치유의 경험이 됩니다.

2) **영양과 맛의 균형**: 향료와 허브의 사용은 음식의 맛과 향을 풍부하게 하면서 동시에 영양적 가치를 높입니다. 예를 들어, 커민이나 카다멈과 같은 향료는 음식에 깊이와 복잡한 맛을 추가하고, 비타민과 미네랄과 같은 필수 영양소를 제공합니다.

3) **건강 증진의 촉진:** 치유 요리에서 향료와 허브의 선택은 특정 건강 문제를 예방하고 치료하는 데 도움이 됩니다. 예를 들어, 마늘과 양파는 면역력을 강화하는 데 유용하며, 터메릭(Turmeric)은 염증과 관련하여 도움이 될 수 있습니다.

4) **전체적인 웰빙 증진:** 향료와 허브는 정신적, 정서적 웰빙에도 기여합니다. 라벤더와 카모마일은 이완과 스트레스 해소에 효과적이며, 민트나 레몬밤은 집중력과 기분을 개선하는 데 도움이 될 수 있습니다.

이러한 방식으로 향료와 허브를 사용하는 것은 치유 요리의 중요한 원리 중 하나이며, 식재료의 선택과 조리법에 깊은 의미를 부여하는 동시에, 건강과 웰빙을 향상하는 데 기여합니다.

PART 5

계절별 치유 농업 실천

Part 5에서는 계절의 변화에 따라 치유 농업을 실천하는 방법을 탐구합니다. 각 계절은 자연의 리듬을 따라 우리의 심신 건강에 영향을 미치며, 이에 맞춘 치유 농업 활동은 심신의 조화와 건강을 증진합니다.

'봄: 새로운 시작과 치유'에서는 봄의 생명력을 활용한 치유 농업을, '여름: 성장과 치유의 계속'에서는 여름의 에너지를 활용한 활동에 중점을 둡니다. '가을: 수확의 기쁨과 치유'는 가을의 풍성한 수확과 그로 인한 치유의 중요성을, '겨울: 준비와 지속적인 치유'에서는 겨울의 휴식과 내면의 평화에 초점을 맞춥니다.

이 부분은 계절별로 자연의 특성을 반영한 치유 농업 활동을 통해, 심신의 건강을 도모하고 생활의 질을 향상하는 방법을 제공합니다. 각 계절이 주는 자연의 선물을 활용하여 건강하고 조화로운 삶을 영위하는 방법을 탐색합니다.

Creating the Taste of Tomorrow

"자연의 속삭임, 치유의 손길: 농업을 통한 마음과 몸의 회복"

텃밭 재배

UNIT 1. 텃밭 관리 및 재배 전략

텃밭 재배를 시작하는 초보자라면, 성공적인 수확을 위해 세심한 "디자인과 설계"의 중요성을 간과해서는 안 됩니다. 국립원예특작과학원에 따르면, 효과적인 텃밭 관리는 재배 작물의 종류, 심는 시기, 배치 등에 대한 충분한 이해에서 시작됩니다. 예를 들어, 4월 초 텃밭에서 상추, 토마토, 가지, 고추 등을 재배하기 시작했으나, 일부 식물이 저온 피해를 입는 등의 어려움을 겪을 수 있습니다. 이는 식물별 특성과 적절한 식재 시기에 대한 정보 부족에서 비롯된 문제였습니다.

텃밭 재배의 또 다른 즐거움은 가족과의 관계가 돈독해지고 안전하고 맛있는 웰빙 식탁을 마련하는 것에서 비롯됩니다. 이는 도시민들에게 자연의 소중함과 농부의 고마움을 일깨우며, 이웃과 나누는 기쁨을 통해 커뮤니티를 강화하는 효과도 있습니다. 장소 선정에서부터 시작하여, 텃밭의 디자인과 식물의 선정, 심는 방법에 이르기까지 모든 단계에서 세심한 계획이 필요합니다.

텃밭에서의 성공은 적절한 식물 선택부터 시작합니다. 재배하기 쉬운 작물로 시작해 점차 복잡한 작물로 넘어가는 것이 좋으며, 식물별 특성을 이해하고 적절한 배치와 관리를 통해 풍성한 수확을 기대할 수 있습니다. 또한, 좋은 모종 선택과 적절한 파종 시기, 토양 관리가 중요하며, 이 모든 것은 성공적인 텃밭 재배를 위한 "디자인과 설계"의 일부입니다.

• 적절한 식물 선택

식물 선택	작물 종류
재배하기 쉬운 작물	상추, 시금치, 쑥갓, 배추, 당근, 무, 토란, 고구마, 감자, 완두, 강낭콩 등
보통인 작물	토마토, 호박, 고추, 가지 등
재배하기 어려운 작물	오이, 수박, 참외 등

• **출처•** 농촌진흥청 발간자료 '텃밭디자인' 참조 농업과학도서관(http://lib.rda.go.kr), 농서남북(http://lib.rda.go.kr/pod)

UNIT 2. 월별 텃밭작물 재배

월별 텃밭작물 재배는 교컴(창조적 집단지성을 꿈꾸는 교사들의 실천 네트워크, 교실밖교사 커뮤니티)을 참고하여 2024년 기준으로 작성했습니다. 월별에 따른 심기와 키우기, 거두기에 대한 소개입니다.

월	절기	심기	키우기	밭 관리 및 거두기
2월	입춘(2.4)		밀, 보리밭 밟기	농기구 준비 및 손질/밭 확보
	우수(2.19) 장 담그기		씨앗 고르기, 고추/가지/토마토/ 호박/오이 모종 키우기	
3월	경칩(3.5)			밭 만들기 거름 만들기 준비
	춘분(3.20)	고구마 모종 키우기 감자 심기	마늘, 양파 덮개 걷고 웃거름 주기	시금치 수확
4월	청명(4.4)	상추/치커리/청경채/열무 쑥갓/아욱/근대 등 잎채소 씨 뿌리기/옮겨심기	대파 씨 뿌리기/옮겨심기, 부추 씨 뿌리기/옮겨심기, 봄배추 모종 키우기, 강낭콩/완두콩 씨 뿌리기	부추/쪽파/대파 웃거름 주기 쪽파/대파 수확
	곡우(4.19)	볍씨 파종, 옥수수 씨 뿌리기 땅콩/생강 심기	고구마줄기 키우기, 봄배추 옮겨 심기	밀/보리 웃거름 주기
5월	입하(5.5)	고추/가지/토마토/호박/오이 옮겨심기, 옥수수 옮겨심기	강낭콩 북주고 완두콩 지주 세우기 토마토 곁순 따기, 잎채소 솎아주기	잎채소 벌레 잡기 깻묵 액비와 목초액 뿌리기
	소만(5.20)	메주콩 모종 키우기, 들깨 씨 뿌리기	감자 북주기	잎채소 풀매고, 오줌액비 등 웃거름 주기 상추, 쑥갓, 아욱, 근대 등 수확

월	절기	심기	키우기	밭 관리 및 거두기
6월	망종(6.5)	벼 모내기, 대파 모종 옮겨심기 고구마줄기 옮겨심기, 메주콩 옮겨심기	고추, 가지, 토마토, 오이에 지주 세우기	열매채소에 풀매기, 웃거름 주기 벌레 잡기, 목초액 뿌리기 밀, 보리 거두기/ 부추 수확 오이, 고추, 가지, 호박 거두기 시작/ 봄배추 거두기
	하지(6.21)	대파 모종 옮겨심기, 고구마 줄기 옮겨심기, 메주콩 옮겨 심기		고구마밭 풀매기 상추씨 받기/ 감자 캐기/ 마늘 양파 거두기
7월	소서(7.6)	들깨 모종 옮겨심기	메주콩 북주기/순 지르기	강낭콩, 완두콩 수확/ 토마토, 옥수수 수확
	대서(7.22)			장마 이후 풀베기
8월	입추(8.7)	배추 모종 키우기/ 무, 잎채소 씨 뿌리기/ 양파 모종 키우기	고구마줄기 들추기	김장밭 만들기 붉은 고추 수확
	처서(8.22)	배추 옮겨심기/ 쪽파 심기		오이, 고추, 가지, 호박 등 씨받기
9월	백로(9.7)	알타리무, 갓 등 씨 뿌리기	배추벌레 잡고 웃거름 주기/ 무 솎아내기	
	추분(9.22)	시금치 씨 뿌리기		가을 잎채소 수확
10월	한로(10.8)	밀, 보리 파종/양파 모종 옮겨 심기	알타리무, 갓 솎아내고 거름주기	들깨 수확 / 메주콩, 땅콩 수확
	상강(10.23)	마늘 심기		벼 추수 /고구마 캐기/생강 캐기
11월	입동(11.7)		배추잎 묶기	
	소설(11.11)		시금치, 양파, 마늘 등 겨울 나는 채소 보온	김장하기 밭 정리와 농기구 정리

계절별 치유 농업 실천

봄:
새로운 시작과 치유

UNIT 1. 봄철 텃밭 관리 및 재배 전략

봄은 새로운 시작과 치유의 계절로, 텃밭 관리와 재배에 중요한 시기입니다. 이 시기의 관리와 재배 전략은 다음과 같습니다.

1. **토양 준비의 중요성:** 겨울 동안 경화되고 영양소가 고갈된 토양은 봄철 재배의 기초입니다. 토양을 깊게 파고 뒤집어 통기성을 높이고, 유기물이 풍부한 퇴비를 추가함으로써 토양의 영양 상태를 개선합니다. 이는 식물의 건강한 성장에 필수적이며, 토양의 생태계를 활성화합니다.

2. **적절한 식물 선택:** 봄철의 변덕스러운 기후에 적응할 수 있는 서리에 강한 식물을 선택하는 것이 중요합니다. 상추, 시금치, 당근 등은 초기 냉해에 강하며 빠른 성장을 보이는 식물입니다. 이들은 봄 텃밭에 다채로운 색상과 다양성을 제공하며, 조기 수확으로 봄철 텃밭의 활력을 더합니다.

3. **물 관리:** 봄철은 강수량 변화가 심하므로, 균형 잡힌 물 관리가 필수입니다. 과도한 물은 뿌리 부패를 초래할 수 있으므로, 토양의 수분 상태를 주기적으로 확인하고 적절한 관수를 실시합니다.

4. **해충 및 질병 관리:** 봄철에 활동을 시작하는 해충과 질병에 대비하여 예방적 방제 조치가 필요합니다. 자연 친화적인 해충 방제 방법과 질병 예방을 위한 관리가 텃밭의 건강을 유지하는 데 중요합니다.

5. **기온 변화 대응:** 봄철에는 갑작스러운 기온 하락이나 서리가 발생할 수 있습니다. 보온 재 사용, 작물 커버, 온도 조절 등을 통해 식물을 보호합니다.

6. **치유적 요소 강조:** 봄 텃밭은 단순한 재배 공간을 넘어 치유와 휴식의 장소로 활용됩니다. 향기로운 허브와 아름다운 꽃을 심어 마음의 안정과 치유를 돕는 공간을 조성합니다. 이는 텃밭을 방문하는 사람들에게 정신적 안정과 휴식을 제공합니다.

이러한 전략들은 봄철 텃밭을 성공적으로 관리하고, 계절의 변화를 반영하는 치유 농업의 실천에 크게 기여합니다. 봄 텃밭은 생명의 시작과 새로운 성장을 상징하는 공간으로, 자연의 순환과 생명력을 깊이 있게 체험할 수 있는 기회를 제공합니다.

UNIT 2. 봄의 밭멍을 통한 치유

봄의 밭멍(밭을 바라보며 멍하니 생각에 잠기는 것)은 정신적 치유 효과를 극대화하는 데 중요한 역할을 합니다. 봄의 밭멍은 다음과 같은 치유적 요소를 제공합니다.

• 생명의 신비와 탄생의 관찰: 새싹과 어린 식물들이 자라는 모습을 지켜봄으로써 생명의 신비롭고 아름다운 탄생을 체험할 수 있습니다. 이는 자연의 순환과 강인한 생명력에 대한 경외감을 불러일으킵니다.

- 자연의 변화와 생명의 회복 목격: 검은 토양 속에서 피어나는 연두색 새싹은 겨울에서 봄으로, 침묵에서 활기찬 생명으로의 전환을 상징합니다. 이러한 변화를 목격함으로써, 우리는 희망과 긍정의 에너지를 마음에 채울 수 있습니다.

- 자연과의 깊은 교감: 봄바람이 전하는 싱그러움과 더불어 벚꽃, 진달래, 철쭉, 산수유 꽃, 복숭아 꽃 등의 봄꽃들이 만개하는 모습은 시각적인 아름다움을 선사하며, 마음의 평온과 정서적 안정을 가져다줍니다.

- 감각적 경험의 풍부함: 자연의 리듬에 몸을 맡기는 경험을 통해 우리는 자연의 일부임을 깨닫고, 이는 우리의 삶과 건강에 긍정적인 영향을 미칩니다.

- 정신적 안정과 치유: 봄의 밭멍은 새소리, 강아지 짖는 소리, 닭의 울음소리와 같은 자연의 소리를 경험하는 것뿐만 아니라, 봄바람과 함께 흩날리는 꽃잎들을 감각적으로 느끼는 풍부한 경험을 제공합니다.

봄의 밭멍은 농작물 관찰은 물론, 자연과 깊은 연결을 맺으며 정신적 치유를 경험하는 시간으로 자리매김합니다. 이는 농업이 생산 활동을 넘어서 정신적, 감정적 치유의 역할을 수행할 수 있음을 의미합니다. 즉 농업과 치유, 자연과의 조화를 통해 마음의 평화를 느낄 수 있습니다.

여름:
성장과 치유의 계속

UNIT 1. 여름철 텃밭과 농작물 관리

여름철 텃밭 관리와 농작물 관리는 특히 중요한 시기입니다. 이 시기에는 고온 다습한 환경으로 인해 식물이 급격히 성장하고, 다양한 해충과 질병이 발생하기 쉽습니다. 여름철 텃밭 관리의 주요 포인트를 자세하게 안내해드리겠습니다.

1. **적절한 물 관리**: 여름철 높은 기온과 강한 햇빛은 식물에 충분한 물을 요구합니다. 그러나 물을 너무 많이 주면 뿌리가 썩을 수 있으므로, 물 주기 전에 토양의 습도를 확인하고 적절한 빈도로 물을 주어야 합니다.

2. **해충 및 병해 관리**: 여름은 해충과 병해의 활동이 활발한 시기입니다. 자연 친화적인 해충 방제 방법을 사용하여 식물을 보호하고 환경에 미치는 영향을 최소화해야 합니다. 예를 들어, 유기농 살충제 사용, 유익한 곤충 유치, 병든 식물 제거 등이 있습니다.

3. **잡초 제거**: 잡초는 농작물의 영양분과 물을 경쟁합니다. 정기적으로 잡초를 제거하여 식물이 필요한 영양분을 충분히 흡수하도록 해야 합니다.

4. **토양 관리 및 개선**: 건조하거나 배수가 불량한 토양은 식물의 뿌리 성장을 방해할 수 있습니다. 토양의 건강을 유지하기 위해 주기적으로 토양 상태를 확인하고 필요한 경우 퇴비나 유기물을 추가합니다.

5. **영양 관리**: 여름은 식물의 성장이 왕성한 시기이므로 영양 관리가 중요합니다. 균형 잡

힌 영양 공급을 위해 유기농 비료나 퇴비를 사용하여 토양의 영양 상태를 개선하고, 식물의 건강한 성장을 지원합니다.

6. **지속적인 관찰과 관리:** 여름철 텃밭은 식물의 빠른 성장으로 인해 지속적인 관찰과 관리가 필요합니다. 정기적인 잡초 제거, 가지치기, 지주 설치 등을 통해 식물의 건강한 성장을 지원하며, 식물의 상태를 주기적으로 확인합니다.

7. **수확 관리:** 여름은 특히 토마토, 오이, 고추와 같은 채소와 일부 과일의 성숙 시기입니다. 수확은 식물이 완전히 성숙했을 때 이루어져야 최고의 맛과 영양을 제공하며, 지속적인 성장을 촉진합니다.

이러한 관리 방법들은 여름철 텃밭의 건강한 성장을 도모하고, 지속 가능하고 치유적인 농업 실천에 기여합니다. 정성스럽게 관리된 텃밭은 풍성한 수확물을 제공하며, 농업 치유의 원칙에 부합하는 경험을 제공합니다.

UNIT 2. 여름철 밭멍을 통한 치유

여름철 밭멍은 다채로운 자연의 경험과 맛있는 열매를 맛보는 즐거움을 제공하며, 정신적 치유의 특별한 시간을 선사합니다. 이러한 밭멍의 특징은 다음과 같습니다.

- 생명력과 에너지의 관찰: 여름은 식물이 활발하게 자라는 시기로, 오이, 옥수수, 참외, 수박, 감자, 토마토 등 다양한 식물의 성장을 관찰하는 것은 생명력과 에너지를 목격하는 경험입니다. 이는 정신적 활력소로 작용하며, 자연의 변화와 성장의 과정을 통해 에너지를 얻을 수 있습니다.

- 자연과의 깊은 연결: 여름 텃밭에서의 시간은 자연과의 깊은 연결을 경험하게 해줍니다. 이는 일상의 스트레스에서 벗어나 자연의 품 안에서 안식을 찾는 데 도움이 됩니다.

- 감각적 경험의 풍부함: 텃밭은 시각적으로 다채로운 색상과 다양한 식물의 향기를 제공합니다. 이러한 감각적 경험이 마음의 평온과 정신적 안정을 가져다줍니다.

- 즉석 수확과 시식: 여름 텃밭에서는 신선한 열매를 바로 수확하여 먹을 수 있는 기회가 있습니다. 이는 밭멍을 하며 맛있는 자연의 선물을 즐길 수 있는 특별한 경험을 제공합니다.

- 정서적 안정과 치유: 여름 텃밭은 정서적 안정과 치유의 장소로서의 역할을 합니다. 식물과 함께 성장하고 변화하는 과정을 경험하며, 내면의 평화와 정신적 안정을 찾을 수 있습니다.

이러한 여름철 밭멍은 농업을 단순한 생산 활동을 넘어서 정신적, 감정적 웰빙을 증진하는 중요한 치유의 장소로 만듭니다. 여름 텃밭은 다양한 색상, 향기, 맛을 제공하며, 자연과의 깊은 교감을 통해 마음의 안식을 찾을 수 있는 곳입니다.

가을:
수확의 기쁨과 치유

UNIT 1. 가을철 수확 및 재배 방법

가을은 텃밭에서의 노력이 결실을 맺는 시기이며, 다음 수확 시즌을 위한 준비의 시작입니다. 가을철 텃밭 관리 및 재배 전략은 다음과 같이 세분화할 수 있습니다.

1. 수확 시기 파악 및 수확 방법

가을은 다양한 작물이 성숙하는 시기입니다. 각 작물의 최적 수확 시기를 정확히 파악하는 것이 중요합니다.

적절한 수확 방법을 사용하여 작물의 품질과 신선도를 유지합니다. 예를 들어, 채소는 아침 일찍 수확하여 신선도를 최대화합니다.

수확된 식재료는 적절한 저장 방법을 통해 장기 보관될 수 있도록 관리합니다.

2. 토양 관리 및 개량

수확 후 토양은 자연스럽게 영양소가 고갈될 수 있으므로, 토양의 건강을 회복시키는 것이 중요합니다.

유기물이 풍부한 퇴비를 추가하여 토양의 구조와 영양 상태를 개선합니다. 이는 다음 시즌 작물의 성장에 필수적인 역할을 합니다.

토양의 pH 밸런스를 확인하고 필요한 경우 조정합니다.

3. 가을철 재배 계획

가을에는 겨울을 대비하는 다년생 식물을 심습니다. 겨울 동안 성장할 수 있는 식물을 선택하여 지속적인 수확이 가능하도록 합니다.

겨울철 수확을 목표로 하는 작물, 예를 들어 겨울 상추, 브로콜리, 시금치 등을 심어 겨울철에도 신선한 채소를 확보합니다.

4. 해충 및 질병 관리

가을철에도 해충과 질병은 주요 관심사입니다. 적절한 방제와 예방 조치를 취하여 작물을 보호합니다.

자연 친화적인 해충 관리 방법을 적용하여 작물과 환경을 보호합니다.

5. 겨울 준비

가을이 끝나가면서 겨울철 작물을 보호하기 위한 준비를 합니다. 예를 들어, 냉해를 방지하기 위해 뿌리를 덮거나 보호막을 설치합니다.

더 이상 사용하지 않는 텃밭 부분은 겨울 동안 휴식을 취하게 하여, 토양이 자연스럽게 회복될 수 있도록 합니다.

이러한 전략들을 통해 가을철 텃밭은 수확의 기쁨뿐만 아니라 다가오는 겨울과 봄 시즌을 위한 지속 가능한 준비의 장소가 됩니다. 가을 텃밭은 지속 가능한 농업 실천과 자연의 순환을 이해하는 중요한 시기로, 텃밭 관리자에게 다양한 학습과 경험의 기회를 제공합니다.

UNIT 2. 가을철 밭멍을 통한 치유

가을은 수확의 기쁨과 함께 자연의 변화를 느끼며 정신적 치유를 경험하는 이상적인 계절입니다. 가을의 밭멍은 다음과 같은 특별한 치유 효과를 제공합니다.

- 수확의 기쁨 경험: 가을철 밭멍은 풍성한 수확을 관찰하며 자연의 넉넉함과 생명력을 느끼게 합니다. 알록달록한 색감의 과일과 채소들이 가득한 밭을 바라보며, 생명의 선물에 대한 감사함을 느낄 수 있습니다.

- 자연의 변화 목격: 가을의 밭멍은 떨어지는 나뭇잎과 서서히 변하는 자연의 색상을 관찰하는 시간을 제공합니다. 이러한 변화는 계절의 순환과 자연의 아름다움을 일깨워주며, 마음의 평화를 가져다줍니다.

- 감각적 경험: 가을은 시각적으로도, 후각적으로도 풍부한 계절입니다. 황금빛 들판, 붉게 물든 나뭇잎, 달콤한 과일의 향기 등은 감각을 자극하고 마음을 풍요롭게 합니다.

- 내적 성찰: 가을의 밭멍은 한 해의 수확을 돌아보며 내적 성찰의 시간을 보낼 수 있는 기회를 제공합니다. 이는 자아발견과 성장에 중요한 역할을 합니다.

- 겨울 준비의 상징성: 가을의 수확과 텃밭 정리는 겨울을 준비하는 과정을 상징합니다. 이는 삶의 리듬과 자연의 순환에 대한 깊은 이해와 수용을 가져다줍니다.

가을의 밭멍은 단순한 관찰을 넘어, 자연과 깊은 연결을 맺고 정신적, 감정적 치유를 경험하는 소중한 시간을 제공합니다. 이는 농업이 단순한 생산 활동을 넘어서 정신적, 감정적 치유의 장소로서 역할을 할 수 있음을 보여줍니다.

계절별 치유 농업 실천

겨울:
준비와 지속적인 치유

 UNIT 1. 겨울철 텃밭 유지 및 농작물 선택

겨울은 농사의 휴식기이자, 다가오는 봄을 준비하는 시기입니다. 이 계절의 텃밭 관리와 농작물 선택은 다음과 같이 이루어집니다.

1. **토양 보호 및 개량:** 겨울 동안 토양의 영양소가 고갈되지 않도록 유기물을 추가하고, 덮개작물을 심어 토양을 보호합니다.

2. **겨울철 재배 작물 선택:** 겨울에도 중부지역에서 재배할 수 있는 작물로는 마늘, 양파, 시금치, 유채, 포기가 작은 배추, 상추 등이 있습니다. 이러한 작물들은 보온 조치를 취하면 눈 내리는 겨울에도 재배할 수 있습니다.

3. **다년생 식물 관리:** 겨울철에는 다년생 식물들이 휴면기에 들어갑니다. 이들의 건강을 유지하기 위해 적절한 보호 조치를 취합니다.

4. **수분 관리:** 겨울철에는 과도한 강수나 눈으로 인한 토양의 침수를 방지하기 위해 배수 관리에 주의를 기울입니다.

5. **해충 및 병해 방지:** 겨울철에도 해충과 질병에 대한 예방조치가 필요합니다. 겨울철 특히 주의해야 할 해충과 병해를 확인하고 관리합니다.

6. **도구 및 시설 관리:** 겨울철에는 농업 도구와 시설을 점검하여 유지보수합니다. 이는 다음 시즌에 대비하여 중요합니다.

또한, 겨울철 시설 감자의 재배 관리에도 주의가 필요합니다. 이중 수막재배와 온풍기를 이용한 보온, 적절한 환기로 습도를 조절하는 것이 중요합니다. 폭설로 인한 시설 붕괴 위험에 대비해 눈을 쓸어내고, 물 빠짐 길을 잘 정비해야 합니다. 3월부터 기온이 올라갈 때는 낮 시간대 환기에 신경 써야 하며, 시설 안의 온도가 30도를 넘지 않도록 관리하는 것이 중요합니다.

UNIT 2. 겨울철 밭멍을 통한 치유

겨울의 밭멍은 차분하고 고요한 자연을 경험하며 내면의 평화를 찾는 과정입니다.

- 고요한 자연의 관찰: 겨울 텃밭은 조용하고 평화로운 분위기를 제공합니다. 이때, 눈 덮인 식물들, 서리에 덮인 나뭇가지, 겨울 햇살에 반짝이는 이슬 등 자연의 고요한 아름다움을 관찰하며 마음의 평화를 찾습니다. 이 고요함 속에서 자연의 미묘한 변화들을 감상하며 내면의 침묵과 만나는 것은 명상적인 경험을 선사합니다.

- 내면의 명상: 겨울의 밭멍은 깊은 사색과 자기성찰의 시간을 제공합니다. 차가운 공기와 조용한 환경이 마음을 가라앉히고, 생각의 깊이를 더해줍니다. 이는 마음을 정화하고, 일상의 번잡함에서 벗어나 자신을 돌아볼 수 있는 기회를 제공합니다.

- 생명의 지속성 인식: 겨울의 침묵 속에서도 생명은 계속됩니다. 겨울잠을 자는 동물들, 겨울을 나는 식물들을 관찰하며 자연의 순환과 생명의 지속성에 대한 깊은 이해와 존경심을 갖게 됩니다.

- 내년 봄을 위한 준비: 겨울 텃밭에서의 시간은 다가오는 봄에 대한 준비와 기대감을 키우는 데 도움이 됩니다. 다음 시즌에 심을 작물을 계획하고, 새로운 농사 기술이나 방법을 생각해 보는 것도 좋습니다. 이는 농사의 지속성과 개선에 대한 희망을 키웁니다.

- 자연과의 깊은 연결: 겨울의 밭멍은 사계절 내내 자연과의 깊은 연결을 유지하는 데 기여합니다. 이는 자연의 다양한 모습을 경험하고, 생명의 다양한 단계와 그 속에서 일어나는 미묘한 변화들을 이해하는 데 도움이 됩니다.

이러한 겨울철 밭멍을 통한 치유 경험은 치유 농업의 지속적인 실천을 가능하게 하며, 영적, 정신적 성장에 귀중한 기여를 합니다. 겨울의 밭멍은 자연과의 깊은 연결을 통해 내면의 평화와 안정을 찾고, 새로운 계절에 대한 기대와 희망을 키워줍니다.

PART 6

치유 요리의 철학과 실천

Part 6에서는 치유 요리의 깊은 철학과 그 실천 방법을 탐구합니다. 치유 요리는 단순한 식사 제공을 넘어, 신체와 정신의 건강을 고려한 균형 잡힌 식사법에 중점을 둡니다. Part 6에서는 치유 요리의 철학과 일상에서의 실천 방안을 살펴봅니다.

첫 번째 장 '치유 요리의 철학과 접근법'에서는 치유 요리의 기본 원칙과 철학을 소개합니다. 여기서는 식재료의 선택, 조리 방법, 그리고 식사의 준비와 섭취 과정이 어떻게 우리의 건강에 긍정적인 영향을 미칠 수 있는지에 대해 설명합니다. 이 철학은 신체적, 정신적 건강은 물론 환경적 지속 가능성에도 기여합니다.

두 번째 장 '실용적 치유 요리와 메뉴 개발'에서는 이러한 철학을 기반으로 실제 요리와 메뉴 개발에 적용하는 방법을 다룹니다. 실용적인 치유 요리법과 메뉴 개발을 통해, 일상에서 건강하고 맛있는 식사를 준비하고 즐길 수 있는 방법을 탐색합니다. 이 장에서는 다양한 식재료와 조리 기법을 활용하여, 치유적인 요리를 어떻게 만들 수 있는지 구체적인 예시와 함께 제시합니다.

Part 6에서는 치유 요리의 근본적인 철학과 실천 방법을 통해, 우리가 매일의 식사를 통해 건강과 웰빙을 증진할 수 있는 길을 안내합니다.

Creating the Taste of Tomorrow

"자연의 속삭임, 치유의 손길: 농업을 통한 마음과 몸의 회복"

치유 요리의 철학과 접근법

UNIT 1. 건강과 웰니스 중심의 요리 철학

치유 요리의 철학은 단순한 맛의 즐거움을 넘어서 건강과 웰니스(Wellness)에 중점을 둡니다. 이는 식재료의 선택에서부터 조리 방법에 이르기까지 모든 단계에서 건강한 생활 방식을 추구하는 것을 의미합니다. 이 철학의 핵심은 건강한 재료의 사용, 영양의 균형, 그리고 자연의 맛을 최대한 살리는 것에 있습니다.

웰니스는 단순히 질병이 없는 상태를 넘어서, 전반적인 건강과 행복을 추구하는 개념입니다. 이는 몸, 마음, 그리고 영혼의 조화로운 상태를 강조하며, 요리 철학에서도 더 깊은 의미와 연결성을 제공합니다.

건강과 웰니스 중심의 요리 철학은 다음과 같은 요소를 포함할 수 있습니다.

1. **전인적 접근**: 식재료와 요리 방식을 통해 신체적, 정신적, 감정적 건강을 동시에 증진할 수 있는 방법을 탐색합니다.

2. **자연스러운 식재료의 사용**: 가공식품의 사용을 최소화하고, 신선하고 자연스러운 식재료를 선택함으로써, 음식의 영양 가치를 최대한 유지합니다. 이는 또한 음식의 맛과 향을 풍부하게 하여 식사의 만족도를 높입니다.

3. **정신적, 감정적 웰빙:** 식사는 단순한 영
   양 섭취를 넘어, 마음의 평안과 감정적 안
   정을 가져오는 행위로 간주됩니다. 의식
   있는 식사(Practice of Mindful Eating)는 현
   재 순간에 집중하고, 음식과의 연결을 강
   화하며, 식사의 즐거움을 높입니다.

4. **지속 가능한 식재료 선택:** 환경에 미치는
   영향을 고려하여, 윤리적이고 지속 가능한 방법으로 재배된 식재료를 선택합니다. 이는
   생태계 보호와 자원의 지속 가능한 사용을 강조합니다.

5. **균형 잡힌 영양:** 건강과 웰니스 중심의 요리는 다양한 영양소를 균형 있게 제공합니다.
   이는 신체 기능을 최적화하고, 장기적인 건강을 유지하는 데 필수적입니다. 예를 들어,
   고품질의 단백질, 복합 탄수화물, 건강한 지방, 필수 비타민 및 미네랄이 포함된 식재료
   를 선택합니다.

6. **건강한 조리 방법:** 건강한 조리 방법의 선택은 식재료의 영양소를 보존하고, 음식의 맛과
   질을 향상합니다. 예를 들어, 증기로 요리하거나 구이, 끓임 등의 방법을 사용할 수 있습
   니다.

7. **마음 챙김과 의식 있는 식사:** 음식을 준비하고 섭취하는 과정에서 의식적으로 현재의 순
   간에 집중하여 식사의 즐거움과 만족감을 높입니다. 이 요리 철학은 식사가 신체적 건강
   뿐만 아니라, 정신적, 감정적 웰빙에도 긍정적인 영향을 미친다는 것을 인식합니다. 음식
   은 몸과 마음, 영혼을 치유하고, 삶의 질을 향상하는 중요한 역할을 합니다.

건강과 웰니스 중심의 요리 철학은 음식을 전인적인 건강과 웰빙을 추구하는 도구로 보며,
이를 통해 개인의 삶의 질을 향상하는 데 중점을 둡니다. 이 철학은 음식을 통한 치유와 자기
관리의 중요성을 강조하며, 개인이 자신의 몸과 마음에 더 깊이 연결되도록 돕습니다.

UNIT 2. 치유 요리의 기술과 원리

치유 요리는 식품의 영양적 가치와 치유력을 극대화하는 기술을 포함합니다. 전통적인 요리 방법과 현대의 영양 과학을 결합하여, 몸과 마음에 긍정적인 영향을 미치는 음식을 만들어냅니다. 이는 식재료의 신선도, 조리법, 그리고 음식의 표현 방식에 깊이 반영됩니다. 치유 요리의 기술과 원리는 다음과 같은 중요한 요소들을 포함합니다.

1. 식재료의 신선도 및 품질 중시

치유 요리에서 식재료의 신선도와 품질을 중시하는 것은 요리의 영양적 가치와 맛을 극대화하는 데 핵심적인 요소입니다. 이러한 접근법은 다음과 같은 여러 가지 방면에서 중요합니다.

- 영양소의 보존: 신선한 식재료는 생물학적으로 활동적이며, 필수 영양소가 풍부합니다. 특히 비타민, 미네랄, 항산화제와 같은 미세 영양소는 수확 직후부터 점차 감소하기 시작합니다. 신선한 식재료를 사용함으로써 이러한 영양소의 손실을 최소화하고, 식사의 영양적 가치를 높일 수 있습니다.

- 맛과 향의 향상: 신선한 재료는 맛과 향이 더 풍부합니다. 식재료의 자연스러운 맛은 조리 과정에서 강화되며, 이는 음식의 전반적인 만족도를 높입니다. 예를 들어, 신선한 허브와 채소는 요리에 깊이 있는 풍미를 추가할 수 있습니다.

- 건강 증진: 신선한 식재료는 건강한 식습관의 기초입니다. 고품질의 식재료는 신체의 여러 기능을 지원하며, 전반적인 건강과 웰빙에 기여합니다. 예를 들어, 신선한 과일과 채소에는 항염증 및 면역 증진 효과가 있는 항산화제가 풍부합니다.

- 건강 문제 예방: 고품질의 식재료는 만성 질환의 위험을 줄이는 데 도움이 됩니다. 예를 들어, 신선한 과일과 채소는 심혈관 질환, 일부 암, 그리고 당뇨병과 같은 만성 질환 예방에 유익한 것으로 알려져 있습니다.

치유 요리의 철학과 실천

- 환경적 책임: 신선하고 지속 가능하게 재배된 식재료를 선택하는 것은 환경에 대한 책임감 있는 접근입니다. 지역에서 재배된 식품을 선택함으로써 식품 운송에 따른 탄소 발자국을 줄일 수 있으며, 유기농 식재료는 환경에 덜 해로운 농법을 촉진합니다.

이러한 요소들은 치유 요리가 단순히 맛있는 음식을 넘어서 건강한 생활 방식을 지향하고, 몸과 마음에 긍정적인 영향을 미치는 전체적인 접근 방식임을 보여줍니다. 식재료의 신선도와 품질에 중점을 두는 것은 건강과 웰니스 중심의 요리 철학의 핵심입니다.

2. 영양 밀도가 높은 재료 선택

치유 요리에서 영양 밀도가 높은 식재료의 선택은 매우 중요합니다. 이러한 식재료는 적은 양으로도 다양하고 필수적인 영양소를 제공하여 건강을 증진하고, 몸의 자연 치유 능력을 강화합니다. 영양 밀도가 높은 식품은 소량으로도 충분한 영양을 제공합니다. 예를 들어, 통곡물, 신선한 과일과 채소, 고품질의 단백질 등이 포함됩니다.

- 통곡물: 통곡물은 정제되지 않은 상태이므로 필수 영양소와 섬유질이 풍부합니다. 이들은 심장 건강, 소화 건강 및 혈당 조절에 도움을 줍니다. 예를 들어, 귀리, 현미, 퀴노아 등이 포함됩니다.

- 신선한 과일과 채소: 다양한 색상의 과일과 채소는 비타민, 미네랄, 항산화제, 섬유질을 풍부하게 함유하고 있어 전반적인 건강에 기여합니다. 각기 다른 색상의 과일과 채소를 섭취함으로써 다양한 영양소를 섭취할 수 있습니다.

- 고품질의 단백질: 질 좋은 단백질은 근육 건강, 면역 체계 강화 및 포만감을 제공합니다. 식물성 단백질(예: 콩류, 견과류)과 동물성 단백질(예: 저지방 유제품, 린 미트)을 적절히 섭취하는 것이 중요합니다. '린 미트(Lean Meat)'는 지방이 적고, 단백질이 풍부하여 건강에 좋은 선택으로 간주되는데, 특히 건강과 웰니스 중심의 요리에서 자주 사용됩니다. 예로는 닭가슴살, 칠면조, 토끼고기, 그리고 특정 부위의 쇠고기나 돼지고기 등이 있습니다. 린 미트는 균형 잡힌 식단의 일부로서, 건강한 조리 방법과 함께 활용될 때 건강 증진에 기여할 수 있습니다.

이러한 영양 밀도가 높은 식재료의 선택은 치유 요리를 통해 신체적 건강뿐만 아니라 정신적, 감정적 웰빙에도 긍정적인 영향을 미치는 데 기여합니다. 이는 전반적인 웰니스와 삶의 질 향상을 위한 중요한 단계입니다.

3. 조리법의 적용

치유 요리는 영양소의 손실을 최소화하는 조리법을 사용합니다. 증기 요리, 저온 조리, 생식 등이 영양소 보존에 효과적인 방법으로 알려져 있습니다. 다음은 치유 요리에 적용되는 몇 가지 주요 조리법입니다.

- 증기 요리(Steaming): 증기 요리는 가장 영양소 보존이 효과적인 조리 방법 중 하나입니다. 물을 끓여서 생성된 증기로 식재료를 익히는 방식으로, 이 과정에서 식재료의 비타민, 미네랄, 색상 및 풍미가 잘 유지됩니다. 예를 들어, 채소나 생선을 증기로 요리하면, 높은 온도에 직접 노출되지 않아 영양소가 파괴되는 것을 막을 수 있습니다.

- 저온 조리(Low-temperature Cooking): 저온 조리법은 식재료를 오랜 시간 동안 낮은 온도에서 천천히 요리하는 방법입니다. 이 방법은 식재료의 질감을 부드럽게 하고, 영양소를 보존하며, 식재료 본연의 맛을 강조합니다. 저온 조리는 특히 육류 요리에 적합하여, 고기가 더욱 부드럽고, 즙이 많으며, 영양소가 잘 보존됩니다.

- 생식(Raw Food Preparation): 생식은 식재료를 가열하지 않고 그대로 또는 가공을 최소화하는 방법입니다. 이 방법은 특히 채소, 과일, 견과류 등에 적용되며, 비타민과 효소를 최대한 보존합니다. 생식은 신선함과 자연스러운 맛을 중시하는 치유 요리에 적합합니다.

- 저지방 조리법(Low-fat Cooking): 치유 요리에서는 건강한 지방 선택에 주의를 기울입니다. 과도한 지방 사용을 피하고, 올리브 오일이나 아보카도 오일 같은 건강한 지방을 사용합니다. 이 방법은 식재료의 맛을 향상하면서도 건강을 유지하는 데 도움이 됩니다.

- 향료와 허브의 사용(Use of Spices and Herbs): 다양한 향료와 허브를 사용하여 음식의 맛과 향을 풍부하게 하면서 동시에 건강상의 이점을 제공합니다. 이들은 천연 항산화제의 원천이며, 음식에 추가적인 영양소를 더합니다.

치유 요리에서는 이러한 조리법을 통해 음식의 영양적 가치를 극대화하고, 식사를 통한 건강 증진을 목표로 합니다. 이러한 방식은 전반적인 웰빙과 건강한 생활 습관을 촉진하는 데 중요한 역할을 합니다.

4. 맛과 향의 균형

건강한 요리임에도 불구하고, 맛과 향은 매우 중요한 부분입니다. 향신료, 허브 그리고 자연스러운 조미료의 사용으로 맛을 향상하고, 식사의 즐거움을 더합니다.

5. 전통적 요리법과 현대 영양 과학의 융합

전통적인 요리법과 현대의 영양 과학을 결합하여, 전통적인 맛과 현대적인 영양 요구를 모두 충족시킬 수 있는 요리를 창조합니다.

6. 음식의 표현과 시각적 요소

시각적으로 매력적인 음식은 식욕을 자극하고, 식사에 대한 만족감을 높입니다. 색상, 질감 및 플레이팅 기술을 통해 음식의 매력을 증진하는 것이 중요합니다.

7. 건강 증진 및 치유 측면 강조

치유 요리는 단순히 맛있는 식사를 넘어, 건강 증진과 치유에 중점을 둡니다. 예를 들어, 소화에 좋은 재료, 염증을 줄이는 식품, 면역력 강화 식품 등을 포함할 수 있습니다.

이러한 원칙들을 통해 치유 요리는 건강한 식습관을 장려하고, 신체적, 정신적 건강을 향상하는 데 기여합니다.

실용적 치유 요리와 메뉴 개발

 UNIT 1. 건강 증진을 위한 재료 선택

1. 영양 밀도가 높은 식품 선택

건강한 식단의 핵심은 영양 밀도가 높은 식품을 선택하는 것입니다. 이는 과일, 채소, 통곡물, 견과류, 씨앗, 저지방 유제품, 그리고 고품질의 단백질과 같은 식품을 포함합니다. 이러한 식품들은 필수 비타민, 미네랄, 섬유질, 항산화제를 풍부하게 제공하며, 전반적인 건강 증진에 기여합니다.

2. 지속 가능하고 유기농 재료 사용

지속 가능하고 유기농으로 재배된 식재료를 선택하는 것은 건강에 좋을 뿐만 아니라 환경에도 긍정적인 영향을 미칩니다. 이러한 재료들은 화학 농약과 비료의 사용을 최소화하여 재배되며, 식품의 천연 맛과 영양소를 유지합니다.

3. 천연 향료와 허브 활용

치유 요리에서는 인공 첨가물이나 조미료 대신 천연 향료와 허브를 사용하여 요리의 풍미를 높입니다. 허브와 향료는 음식의 맛을 향상할 뿐만 아니라 다양한 건강상의 이점을 제공합니다.

UNIT 2. 건강 증진을 위한 재료 선택

1. 균형 잡힌 식단 구성

건강한 레시피는 탄수화물, 단백질, 지방의 균형을 맞추는 것에서 시작합니다. 다양한 색상의 과일과 채소를 포함하여 항산화제와 비타민의 섭취를 극대화하고, 통곡물과 건강한 지방원을 사용하여 심장 건강을 증진합니다.

2. 전통 요리법의 현대적 변형

전통적인 요리법을 현대적인 영양 지식에 맞게 변형하여, 더 건강하면서도 맛있는 요리를 창조합니다. 예를 들어, 정제된 설탕 대신 천연 감미료를 사용하거나, 정제된 밀가루 대신 통곡물 또는 글루텐 프리 대체재를 사용하는 등의 변형을 시도할 수 있습니다.

자연의 치유식탁

3. 시즌별, 지역별 식재료 활용

계절에 따라 지역에서 생산되는 신선한 재료를 사용하여 메뉴를 구성합니다. 이는 재료의 신선도와 영양소를 최대한 활용하고, 지역 경제를 지원하는 데도 기여합니다.

4. 감각적인 요소 강조

시각적인 매력, 풍미, 향, 질감 등 감각적인 요소를 고려하여 요리를 제공합니다. 이는 식사의 만족도를 높이고, 건강한 식습관 형성에 긍정적인 영향을 미칩니다.

PART 7

치유 농업과 요리의 융합 및 미래 전망

Part 7에서는 치유 농업과 요리의 결합이 가져오는 미래의 가능성을 탐구합니다. 구체적으로는 농업과 요리 간의 시너지가 개인의 건강, 커뮤니티의 웰빙, 그리고 지속 가능한 환경에 어떻게 기여하는지 살펴봅니다.

첫 번째 장 '치유 요리와 농업의 시너지'는 농업에서 얻어진 식재료와 치유 요리가 서로를 어떻게 강화하는지 탐구합니다. 두 번째 장 '치유 요리의 실제 적용과 교육'은 치유 요리를 실생활과 교육에 어떻게 접목할 수 있는지를 다룹니다.

Part 7은 치유 농업과 요리의 융합이 개인의 건강뿐만 아니라 사회 전반에 긍정적인 영향을 미치는 방법과 미래에 이 분야가 어떻게 발전할 수 있을지에 대한 비전을 제공합니다.

Creating the Taste of Tomorrow

"자연의 속삭임, 치유의 손길: 농업을 통한 마음과 몸의 회복"

치유 요리와 농업의 시너지

UNIT 1. 미래 전략과 지속 가능한 건강

이 단원에서는 지속 가능한 농업 방법과 건강한 식단의 중요성을 강조합니다. 미래 전략은 환경에 미치는 영향을 최소화하면서 인간 건강을 증진하는 농업과 요리 방법에 중점을 둡니다. 이는 유기농법, 지속 가능한 수확 방법, 그리고 지역 식재료의 사용을 포함할 수 있습니다.

1. 지속 가능한 농법의 채택

이 접근법은 환경에 덜 해로운 농업 관행을 강조합니다. 예를 들어, 유기농법은 화학 비료나 살충제의 사용을 최소화하여 토양과 물의 질을 보호합니다. 이러한 농법은 생태계의 균형을 유지하고 생물 다양성을 보호하는 데 중요한 역할을 합니다. 유기농 텃밭을 가꾸기 위한 천연 살충제를 만드는 방법을 몇 가지 예로 들어보겠습니다.

1) 마늘 스프레이

마늘 몇 쪽을 으깨어 물에 섞고 몇 시간 동안 우려낸 후, 혼합물을 분무기에 담아 사용합니다. 마늘 스프레이는 특히 진드기와 같은 해충에 효과적입니다.

- **준비물:** 마늘 몇 쪽, 물 1리터
- **제조방법:** 마늘을 으깨어 물에 섞은 후, 최소 5시간 동안 우려냅니다. 이 혼합물을 분무기에 담아 사용합니다.
- **적용 대상:** 진드기와 같은 해충

2) 비누 스프레이

액체 비누를 물에 섞으면 해충을 퇴치하는 데 사용할 수 있습니다. 이 혼합물은 해충의 외피에 영향을 주어 퇴치하는 데 도움이 됩니다.

- **준비물:** 액체 비누 1테이블스푼, 물 1리터
- **제조방법:** 액체 비누와 물을 섞어 분무기에 담습니다.
- **적용 대상:** 해충의 외피에 영향을 미치는 범용 해충 퇴치제

3) 식초 스프레이

식초와 물을 섞어 만든 스프레이는 곰팡이와 균류를 퇴치하는 데 사용될 수 있습니다.

- **준비물:** 식초 1컵, 물 1리터
- **제조방법:** 식초와 물을 섞어 분무기에 담습니다.
- **적용 대상:** 곰팡이와 균류

4) 카옌페퍼 스프레이

카옌페퍼와 물을 섞어서 만든 스프레이는 매운맛이 특징으로 해충을 퇴치하는 데 도움이 됩니다.

- **준비물:** 카옌페퍼 1테이블스푼, 물 1리터
- **제조방법:** 카옌페퍼와 물을 섞어 분무기에 담습니다.
- **적용 대상:** 해충 퇴치에 효과적인 매운맛 제공

천연 살충제는 환경에 해를 끼치지 않으면서도 유기농법을 실천하는 데 도움을 줄 수 있습니다. 이는 검단 로컬푸드 마켓에 제공하는 콩, 옥수수, 감자, 고구마, 루콜라, 케일, 쌈채소 등의 품질을 유지하는 데도 중요한 역할을 할 수 있습니다. 이러한 지속 가능한 농법은 환경을 보호하고, 소비자에게 건강한 식품을 제공하는 데 중요한 기여를 합니다.

2. 지속 가능한 수확 방법

자연 자원의 남용을 피하고 재생 가능한 자원에 의존하는 수확 방법을 채택합니다. 예를 들어, 숲에서 나무를 베어내지 않고 야생 식물을 수확하는 방법이나, 지속 가능한 어업 관행이 여기에 포함됩니다. 이러한 방법은 자원의 지속 가능한 사용을 보장하고, 자연 환경의 파괴를 최소화합니다. 여기에는 지속 가능한 어업 관행이 포함되며, 그중 몇 가지 예시를 들어 설명하겠습니다.

1) **어획량 한도 규제**: 지속 가능한 어업의 핵심 요소 중 하나는 어획량 한도를 설정하고 준수하는 것입니다. 어획량을 조절함으로써 남획을 방지하고 어류 자원이 생태계에서 건강한 균형을 회복하고 유지할 수 있습니다.

2) **취약종 보호**: 지속 가능한 어업 관행은 취약한 종을 보호하고 멸종 위기에 처한 종의 포획을 피함으로써 생물 다양성 보존에 기여합니다. 선별적인 낚시 장비와 기술을 사용하여 의도하지 않은 혼획을 줄임으로써 목표가 아닌 종의 영향을 최소화합니다.

3) **친환경 낚시용품 구현**: 전통적인 어업 장비는 해양 서식지에 피해를 줄 수 있습니다. 지속 가능한 관행에는 해저와 주변 생태계에 미치는 영향을 최소화하는 친환경 낚시 장비의 사용이 포함됩니다.

4) **책임 있는 양식업 장려**: 책임 있는 양식 관행은 전 세계적으로 해산물 수요를 지속 가능하게 충족하는 데 중요합니다. 이러한 관행은 사료 조달, 오염 최소화, 외래종 유입 방지를 강조합니다.

5) 소비자 인식 및 인증: 소비자는 지속 가능한 어업 관행을 장려하는 데 중추적인 역할을 합니다. 인증된 해산물 제품을 선택함으로써 해당 생선이 지속 가능한 공급원에서 나온 것임을 보장할 수 있습니다.

3. 지역 식재료의 사용

지역 식재료의 사용은 지속 가능한 농업과 건강한 식단의 중요한 요소입니다. 이러한 접근 방식은 운송 과정에서 발생하는 탄소 배출을 줄이고 지역 경제를 강화하는 데 기여합니다. 지역 식재료는 일반적으로 더 신선하며, 영양가가 높고, 계절에 맞는 식단을 장려합니다.

인천 검단구의 검단농협 로컬푸드 직매장은 지역 식재료 사용 원칙을 실천하는 모범적인 사례입니다. 이 마켓은 지역 농민들이 직접 재배하고 수확한 신선한 식재료를 제공함으로써 지역 경제를 지원하고, 지역 농업을 강화합니다. 또한, 운송 과정을 최소화함으로써 탄소 배출을 줄이고 식재료의 신선함과 영양가를 유지합니다.

결론적으로, 인천 서구 검단농협 로컬푸드 직매장과 같은 시스템은 지역 커뮤니티에 긍정적인 영향을 미치며, 지속 가능한 농업과 건강한 식단을 촉진하는 데 중요한 기여를 하고 있습니다.

인천 서구 마전동 검단농협 로컬푸드 직매장은 계절에 따라 다양한 식재료를 제공하며, 이는 계절별로 최적의 영양과 맛을 제공하는 식단을 가능하게 합니다. 여름에는 신선한 열매와 채소를, 겨울에는 영양가 높은 뿌리채소를 주로 판매하며, 이를 통해 계절에 적합한 건강한 식단을 장려합니다.

김금숙 씨와 그의 아들 이남수 대표가 운영하는 농업법인 단풍나무는 검단 로컬푸드 직매장에 주기적으로 신선한 농산물을 납품합니다. 그들은 콩, 옥수수, 감자, 고구마, 루꼴라, 케일, 쌈채소 등 다양한 작물을 계절에 따라 재배하고, 이를 통해 지역 식단에 다양성과 영양을 제공합니다. 이러한 지역 식재료의 사용은 치유 요리에도 중요한 역할을 하며, 몸과 마음에 영양을 제공하고, 전반적인 건강과 웰빙을 증진합니다.

4. 건강한 식단의 촉진

지속 가능한 농업 관행은 건강한 식단의 개발과 밀접하게 연결되어 있습니다. 자연에서 온 신선한 식재료는 건강한 요리에 필수적이며, 가공 식품과 화학 첨가물의 사용을 줄입니다. 이러한 식단은 심장 건강, 체중 관리 및 전반적인 건강 증진에 기여합니다.

5. 교육 및 인식 제고

지속 가능한 식습관과 농업 관행에 대한 인식을 높이고, 소비자들이 지속 가능한 선택을 할 수 있도록 교육하는 것이 중요합니다. 이는 워크샵, 세미나, 공동체 기반의 프로그램을 통해 이루어질 수 있습니다.

UNIT 2. 치유 농업 프로그램의 교육적 접근

이 단원에서는 치유 농업 프로그램을 통한 교육적 접근과 실습 방법을 탐구합니다. 치유 농업은 자연과의 교감을 통해 신체적, 정신적 건강을 증진하는 농업 방법으로, 교육적 관점에서는 참여자들에게 자연과 연결되는 경험을 제공하고, 건강한 생활 방식을 장려합니다.

1. 자연과의 상호작용

- 목적: 자연과의 직접적인 상호작용을 통해 치유의 경험을 제공합니다.
- 주요 활동: 농장 방문, 식물 재배와 관리, 수확 체험
- 자원: 농장, 정원, 전문가 지도

2. 치유적 환경 구축

- 목적: 치유적인 환경을 조성하여 정신적 안정감을 증진합니다.
- 주요 활동: 치유 정원 조성, 명상 및 요가 세션
- 자원: 정원 설계자, 명상 지도자

3. 건강한 식습관 교육

- 목적: 자연에서 얻은 신선한 재료를 활용하여 건강한 식습관을 교육합니다.
- 주요 활동: 요리 교실, 영양 교육 세션
- 자원: 요리사, 영양사

4. 공동체 참여 증진

- 목적: 공동체 내에서의 협력과 소통을 통해 사회적 연결감을 강화합니다.
- 주요 활동: 공동 농업 활동, 지역사회 행사 참여
- 자원: 지역사회 리더, 봉사자

5. 지속 가능한 농업 실천

- 목적: 지속 가능한 농업 방법을 교육하고 실천합니다.
- 주요 활동: 유기농 재배 교육, 환경 보호 워크숍
- 자원: 환경 전문가, 농업 기술자

이러한 교육적 접근과 실습은 참여자들에게 자연과 조화를 이루는 생활 방식을 가르치고, 신체적, 정신적 건강을 도모하는 데 도움을 줍니다. 또한, 지속 가능한 환경과 건강한 식생활에 대한 인식을 높이고, 공동체 내에서의 상호작용과 협력을 장려합니다.

UNIT 3. 치유 농업 프로그램의 구현과 현장 적용

치유 농업은 자연과의 교감을 통해 신체적, 정신적 건강을 증진하는 농업 방법입니다. 인천 서구 대곡동에 위치한 농업법인 메이플 트리 농장은 치유 농업 프로그램을 다음과 같이 제안합니다. 이 프로그램들은 농촌진흥청 국립원예특작과학원에서 펴낸『의식주로 즐기는 텃밭정원 이야기: 어르신 중심 치유농업』을 바탕으로 계획하였으며, 자연과의 교감을 통해 신체적, 정신적 건강을 증진하는 데 중점을 두고 운영하고자 합니다.

1. 프로그램 명칭: 텃밭 여는 날

농장을 방문하는 참가자들이 새로운 농사 시즌을 시작하며 자연과의 연결을 강화합니다.

회기 및 날짜	참여 인원	목적	주요활동	활동 자원
1회차, 2024년 3월	15명	텃밭 시작의 의미를 공유하고 커뮤니티 형성	텃밭 준비 및 계획 수립	텃밭 도구, 계획 양식

2. 프로그램 명칭: 내 맘에 씨앗 심기

참가자들이 자신의 텃밭에 씨앗을 심으며 치유와 성장의 과정을 체험합니다.

회기 및 날짜	참여 인원	목적	주요활동	활동 자원
2회차, 2024년 4월	15명	참가자들이 직접 선택한 씨앗을 심으며 자연과 교감	씨앗 선택 및 심기	다양한 종류의 씨앗, 심기 도구

3. 프로그램 명칭: 텃밭 정원 디자인

참가자들이 자신만의 텃밭 디자인을 계획하고 실행합니다.

회기 및 날짜	참여 인원	목적	주요활동	활동 자원
3회차, 2024년 5월	15명	텃밭의 미적 요소와 기능성을 고려한 디자인 기획	텃밭 디자인 계획 및 실행	디자인 자료, 식물 및 장식물

4. 프로그램 명칭: 우리 동네 텃밭정원 만들기

커뮤니티에 참여하여 지역사회에 텃밭정원을 조성합니다.

회기 및 날짜	참여 인원	목적	주요활동	활동 자원
4회차, 2024년 6월	15명	지역 커뮤니티의 일원으로서 공동의 텃밭 만들기	공동 텃밭 조성 및 관리	텃밭 자재, 공동 작업 도구

5. 프로그램 명칭: 텃밭정원 즐기기

텃밭정원의 아름다움과 평온함을 만끽하며 치유의 시간을 보냅니다.

회기 및 날짜	참여 인원	목적	주요활동	활동 자원
5회차, 2024년 7월	15명	텃밭에서의 여가 활동 및 휴식	텃밭 관찰, 자연에서의 명상	관찰 도구, 명상 가이드

6. 프로그램 명칭: 팜투테이블 요리사 프로그램

텃밭에서 직접 수확한 재료로 요리를 해봅니다.

회기 및 날짜	참여 인원	목적	주요활동	활동 자원
6회차, 2024년 8월	15명	텃밭에서 수확한 식재료를 활용한 요리 체험	요리 수업 및 식사 준비	주방 도구, 수확물

7. 프로그램 명칭: 실내공간을 아름답게

텃밭에서 수확한 식물을 활용하여 실내 공간을 꾸미는 방법을 배웁니다.

회기 및 날짜	참여 인원	목적	주요활동	활동 자원
7회차, 2024년 9월	15명	실내 장식을 위한 식물 및 꽃 활용	실내 장식용 식물 재배 및 배치	화분, 장식용 식물

8. 프로그램 명칭: 세대 간 어울림 텃밭정원

다양한 연령대가 함께 어울려 텃밭 활동을 즐깁니다.

회기 및 날짜	참여 인원	목적	주요활동	활동 자원
8회차, 2024년 10월	15명	다양한 세대 간의 교류 및 협력 증진	다양한 세대와의 공동 작업	공동 작업 기획, 재료

9. 프로그램 명칭: 가을 수확물을 활용한 체험 프로그램

직접 가을 텃밭 농산물을 수확하고, 이를 활용한 요리 수업과 실습을 합니다.

회기 및 날짜	참여 인원	목적	주요활동	활동 자원
9회차, 2024년 11월	15명	계절별 수확물을 활용한 건강한 요리 제공	수확물을 활용한 요리 수업 및 실습	주방 도구, 수확물

10. 프로그램 명칭: 기능성 식물 백배 활용하기

기능성 식물의 다양한 용도를 탐구하고 활용합니다.

회기 및 날짜	참여 인원	목적	주요활동	활동 자원
10회차, 2024년 12월	15명	기능성 식물의 건강 증진 효과 이해 및 활용	기능성 식물의 재배 및 활용 방법 배우기	기능성 식물, 정보 자료

UNIT 4. 혁신적인 농업 및 요리 방법의 융합 방법 제안

이 단원은 혁신적인 농업 관행과 현대 요리 기술을 접목하여 시너지 잠재력을 탐구합니다. 이는 두 분야의 강점을 활용하여 새롭고 지속 가능한 식문화를 창조하는 데 중점을 둡니다. 주요 핵심 영역은 전통적인 농법과 현대 요리예술의 통합, 그리고 신선하고 영양가 있는 재료를 우선시하는 독특한 레시피 개발을 포함합니다.

1. 기술과 전통의 결합(Combining Techniques and Traditions)

- 목적(Objective): 오랜 전통의 농업 방법과 선도적인 요리 과정을 통합합니다.
- 주요 활동(Key Activities): 전통적인 농법에 관한 워크숍, 현대 요리 방법 시연, 다양한 요리의 역사적 맥락에 관한 토의활동
- 자원(Resources): 전문 농부 및 셰프, 전통적인 농업 도구, 현대 주방 장비

1) 프로그램명: 전통 발효 기술과 현대 요리의 만남

(1) 목적

- 전통적인 발효 기술과 현대 요리 기술의 융합을 통해 새로운 맛과 영양의 요리법 개발
- 발효 식품의 건강 이점과 조리법의 창의성을 강조

(2) 주요 활동

- 전통 발효 워크숍: 김치, 장류 등 전통적인 한국 발효 식품 만들기
- 현대 요리 기술 시연: 발효 식품을 활용한 현대적 요리법 시연 및 실습(예: 김치 타코, 김치 피자)
- 음식 문화 강의: 발효 식품의 역사와 문화적 가치에 대한 강의
- 맛과 영양의 융합 탐구: 전통 발효 식품과 현대 요리법의 조화를 통한 새로운 요리 창작

(3) 자원

- 전문가: 전통 발효 식품 전문가, 현대 요리 셰프
- 장비 및 재료: 발효 장비, 발효 식품 재료, 현대 요리 도구
- 교육 자료: 발효 식품과 관련된 역사적, 문화적 자료

2) 메뉴명: 발효 김치 리조또

이 메뉴는 한국의 전통 발효식품인 김치를 현대적인 이탈리아 요리인 리조또와 융합하여 독특하고 맛있는 요리를 창조합니다. 이 요리는 발효 식품의 건강상 이점과 현대 요리 기술의 매력을 결합하여 풍부한 맛과 영양을 제공합니다.

주재료
- 쌀: 1컵
- 발효된 김치: 1컵 (잘게 썬 것)

부재료
- 마늘: 2쪽 (다진 것)
- 양파: 1/2개 (다진 것)
- 화이트 와인: 1/4컵
- 신선한 파슬리: (다진 것 장식용)

양념 (짠맛, 감칠맛, 지방맛, 냄새재료)
- 치킨 스톡: 2컵(감칠맛)
- 파마산 치즈: (갈아서 준비)(감칠맛)
- 올리브 오일: 2큰술(지방맛)
- 소금, 후추: 약간

조리방법
- 중간 크기의 팬을 중간 불에서 가열하고 올리브 오일을 더합니다.
- 다진 양파와 마늘을 팬에 넣고 투명해질 때까지 볶습니다.
- 쌀을 넣고 약 2분간 볶은 후, 화이트 와인을 붓습니다. 와인이 거의 증발할 때까지 기다립니다.
- 치킨 스톡을 조금씩 넣으며 계속 저어줍니다. 쌀이 스톡을 흡수하면 추가로 더 부어주세요.
- 쌀이 부드럽고 크리미한 질감이 될 때까지 약 18~20분간 조리합니다.
- 잘게 썬 발효 김치를 넣고 잘 섞어줍니다.
- 소금과 후추로 간을 맞추고, 파마산 치즈를 뿌립니다.
- 잘게 다진 파슬리로 장식하고 뜨겁게 제공합니다.

이 프로그램은 전통적인 식품 발효 기술과 현대 요리법을 결합함으로써 새로운 맛의 경험을 제공하고, 참여자들에게 식품의 건강 이점과 요리의 창의성을 깊이 있게 이해할 기회를 제공합니다. 이를 통해 식문화에 대한 새로운 관점을 제시하고, 전통과 현대가 공존하는 융합 요리의 가능성을 탐색합니다.

2. 지속 가능한 재료 소싱(Sustainable Ingredient Sourcing)
- 목적(Objective): 현지에서 생산된 유기농 및 친환경 재료 사용을 장려합니다.
- 주요 활동(Key Activities): 유기농 농장, 농산물 시장 방문, 지속 가능한 농법에 대한 토론
- 자원(Resources): 지역 농부, 시장 조정자, 농업 전문가

❏ 다음은 지속 가능한 식재료 자원의 예시입니다.

1) 유기농 농산물: 현지에서 생산하는 유기농 농산물은 화학 비료나 살충제 없이 재배하므로 환경에 미치는 영향이 적습니다. 이러한 농산물은 일반적으로 지역 농산물 시장이나 유기농 전문 매장에서 구입할 수 있으며, 지역 농업을 지원하는 동시에 신선하고 건강한 식재료를 제공합니다.

2) **지속 가능한 수산물**: 과잉 어획을 피하고 환경에 미치는 부담을 줄이기 위해 지속 가능한
   어업 관행을 따르는 수산물을 선택하는 것이 중요합니다. 이러한 수산물은 보통 해양관리
   협의회(MSC) 또는 기타 인증 마크를 통해 식별할 수 있습니다.

3) **지역 축산물**: 동물 복지와 지속 가능한 축산 관행을 따르는 지역 축산업자로부터의 축산
   물을 선택하는 것은 지역 경제를 지원하고 동물 복지를 개선하는 데 도움이 됩니다. 자유
   방목 방식으로 기른 축산물은 일반적으로 영양가가 높고 품질을 인정받습니다.

3. 레시피 개발 및 혁신(Recipe Development and Innovation)

- **목적(Objective)**: 전통적 및 현대적 요리 개념을 융합한 새로운 레시피를 만듭니다.
- **주요 활동(Key Activities)**: 요리 시험, 시식 활동, 레시피 개선 워크숍
- **자원(Resources)**: 셰프, 영양사, 음식 역사학자, 주방 시설

4. 영양 인식 및 교육(Nutritional Awareness and Education)

- **목적(Objective)**: 재료의 영양 가치와 건강상의 이점을 강조합니다.
- **주요 활동(Key Activities)**: 영양 워크숍, 균형 잡힌 식단에 대한 강연, 건강을 중심으로 한
  요리 회의
- **자원(Resources)**: 영양학자, 건강 전문가, 교육 자료

5. 커뮤니티 참여 및 문화 교류(Community Engagement and Cultural Exchange)

- 목적(Objective): '함께 요리하기'나 '공동 요리 경험'과 문화 교류를 통해 커뮤니티 의식을 증진합니다.
- 주요 활동(Key Activities): 커뮤니티 요리대회, 문화 음식 박람회, 요리 경연대회
- 자원(Resources): 커뮤니티 리더, 문화 단체, 행사 주최자

6. 요리 기술 및 혁신(Culinary Technology and Innovation)

- 목적(Objective): 현대 요리 및 지속 가능한 농업에서 기술의 역할을 탐구합니다.
- 주요 활동(Key Activities): 첨단 요리 장비 시연, 농업 혁신에 관한 세미나
- 자원(Resources): 기술 전문가, 농업 엔지니어, 최신 주방 가전

7. 예술적 프레젠테이션 및 음식 미학(Artistic Presentation and Food Aesthetics)

- 목적(Objective): 음식 프레젠테이션의 예술과 식사 경험에 미치는 영향을 강조합니다.
- 주요 활동(Key Activities): 음식 플레이팅 워크숍, 음식에서 색채 이론 회의
- 자원(Resources): 음식 스타일리스트, 예술가, 사진작가

8. 감각 탐색 및 맛 프로파일링(Sensory Exploration and Flavor Profiling)

- 목적(Objective): 맛 조합과 감각 경험에 대한 이해를 향상합니다.
- 주요 활동(Key Activities): 시식 세션, 맛 조합 워크숍, 감각 평가 연습
- 자원(Resources): 소믈리에, 맛 과학자, 셰프

9. 윤리적이고 의식적인 요리(Ethical and Conscious Cooking)

- 목적(Objective): 윤리적 요리 관행과 의식적 소비를 촉진합니다.
- 주요 활동(Key Activities): 윤리적 조달에 관한 토론, 식물 기반 요리에 대한 회의 활동
- 자원(Resources): 윤리적 농부, 비건 셰프, 환경주의자

❍ 윤리적이고 의식적인 요리 프로그램의 한 예로 "비건 요리 워크숍"을 제안합니다.

1) 목적

지속 가능하고 동물 복지에 중점을 둔 식습관의 중요성을 강조하고, 참가자들에게 비건 요리의 다양성을 알리고 직접 맛보게 하여 윤리적 소비에 대한 인식을 높이는 것입니다.

2) 주요 활동

- 비건 재료에 대한 교육: 참가자들에게 비건 재료의 종류와 특징을 소개하고, 이들 재료가 환경과 동물 복지에 미치는 긍정적인 영향을 설명합니다.
- 요리 실습: 비건 셰프의 지도하에 참가자들이 직접 비건 요리를 만들어보는 활동을 합니다. 예를 들어, 식물성 단백질을 활용한 버거, 비건 디저트 등 다양한 메뉴를 실습할 수 있습니다.
- 시식 및 토론: 완성된 요리를 참가자들과 함께 시식하며, 비건 식단의 중요성과 일상에서의 실천 방안에 대해 토론합니다.

3) 자원

- 윤리적 농부: 윤리적으로 생산된 식재료의 소개 및 공급
- 비건 셰프: 비건 요리법 및 조리 기술 전달
- 환경주의자: 지속 가능한 식생활의 중요성에 대한 교육 및 강연

이러한 활동을 통해 참가자들은 비건 요리의 다양성과 맛을 직접 경험하고, 윤리적인 소비와 지속 가능한 식생활에 대한 의식을 높일 수 있습니다.

10. 글로벌 요리 통합(Global Cuisine Integration)

- 목적(Objective): 글로벌 음식의 전통과 기술을 지역 요리에 통합합니다.
- 주요 활동(Key Activities): 국제 음식 워크숍, 게스트 셰프 활동, 글로벌 레시피 변형
- 자원(Resources): 국제 셰프, 요리사학자, 레시피 책

11. 예상 결과(Expected Outcomes)

참가자들은 전통적인 농업 관행을 현대 요리 기술과 효과적으로 결합하여 지속 가능하고 건강 중심의 식문화를 창조할 수 있는 풍부한 이해를 얻게 될 것입니다. 이 프로그램은 요리에 대한 혁신적인 접근을 촉진하고, 재료의 질을 강조하며, 지속 가능한 농업 맥락에서 요리 예술에 대한 더 깊은 감사를 불러일으키는 것을 목표로 합니다.

치유 요리의 실제 적용과 교육

UNIT 1. 요리치유 프로그램

요리치유 프로그램은 음식 준비와 섭취가 신체적 및 정신적 건강에 미치는 긍정적인 영향을 탐구하고 실천하는 데 중점을 둔 창의적이고 실용적인 접근법입니다. 이 프로그램의 주요 목표는 참가자들에게 건강한 식생활을 유도하고, 요리를 통해 정서적 안정과 자신감을 향상하는 것입니다. 주요 요소는 다음과 같습니다.

1. 요리치유 프로그램

이 프로그램은 음식의 준비와 섭취가 신체적, 정신적 건강에 미치는 긍정적인 영향에 초점을 맞춥니다. 요리치유 프로그램의 핵심 요소는 다음과 같습니다.

1) 교육과 실습

요리치유 프로그램에서는 참가자들에게 건강한 식재료를 선택하는 방법과 영양소가 균형 잡힌 식사를 준비하는 기술을 교육합니다. 참가자들은 다양한 요리 기술을 배우고, 식사의 질을 향상하는 방법을 이해합니다. 이 과정은 건강한 식습관을 형성하는 데 필요한 지식과 기술을 제공합니다.

2) 치유의 요리

요리치유 프로그램은 요리 활동을 통해 스트레스를 해소하고, 정서적 안정을 찾으며, 자신감을 향상하는 데 초점을 맞춥니다. 이 세션들은 참가자들이 요리를 통해 심리적인 치유와 휴식을 경험하도록 돕습니다. 이는 심리적 안정과 자아 존중감 향상에 도움을 줄 수 있습니다.

3) 실제적인 요리 활동

참가자들은 건강한 식단을 직접 계획하고 준비하는 활동을 합니다. 이는 요리 과정에서 즐거움을 경험하고 실생활에서 건강한 식습관을 유지하는 데 필요한 자기 관리 능력을 향상합니다. 참가자들은 요리활동을 통해 이론적으로 배운 내용을 실천에 옮기며, 건강한 식사 준비의 중요성을 몸소 체험하게 됩니다.

요리치유 프로그램은 참가자들에게 건강한 생활 방식을 채택하고, 음식과 요리 과정에 대한 새로운 관점을 제공하며, 일상생활에서 스트레스 관리와 정서적 안정을 찾는 데 도움을 줍니다.

UNIT 2. 내 몸에 맞는 식단 찾기

내 몸에 맞는 식단 찾기는 다양한 식단과 다이어트 철학을 소개하며, 각자의 몸과 생활방식에 맞는 식단을 선택하는 데 도움을 주는 단원입니다. 이 단원에서 다루는 주요 식단들의 개요는 다음과 같습니다.

Macrobiotic diet

Intermittent fasting

Dukan diet

Ketogenic diet

Mediterranean diet

Paleo diet

Ayurvedic diet

Carb cycling diet

Raw diet

자연의 치유식탁

◉ **원칙:** 자연과 조화를 이루는 식단에 중점을 두며, 주로 곡물, 채소, 콩류를 포함합니다.

◉ **특징:** 가공식품, 설탕, 고기의 섭취를 제한하고, 지역에서 재배된 식품을 선호합니다.

매크로바이오틱(Macrobiotic)은 "큰 생명"이라는 뜻입니다. 매크로바이오틱 음식 철학은 실제로 몸과 마음의 균형을 중시하는 일종의 생활 방식입니다. 이 철학은 단순히 건강한 식사를 넘어서서, 전체적인 웰빙과 조화로운 삶을 추구하는 데 초점을 맞춥니다. 매크로바이오틱 접근 방식은 다음과 같은 핵심 원칙을 포함합니다.

1) **균형 잡힌 식단:** 매크로바이오틱 식단은 주로 통곡물, 채소, 콩류 및 해조류를 포함합니다. 이러한 식품들은 영양가가 높고, 신체에 필요한 다양한 영양소를 제공합니다. 고기, 설탕, 가공식품 등은 제한되거나 피해야 할 식품으로 간주됩니다.

2) **지속 가능한 식품 선택:** 이 철학은 환경 보호와 지속 가능성에 대한 인식을 높입니다. 유기농, 지역에서 재배된 식품, 계절에 맞는 식품을 선택함으로써 지속 가능한 식생활을 장려합니다.

3) **식품의 치유력:** 매크로바이오틱은 식품이 신체 및 정신 건강에 미치는 영향을 강조합니다. 자연 식품을 통해 신체의 자연 치유력을 지원하고 강화하는 것이 이 철학의 핵심입니다.

4) 마음 다스림과의 연결: 요가와 같은 명상적 실천과 결합되었을 때, 매크로바이오틱은 신체뿐만 아니라 정신적 웰빙에도 긍정적인 영향을 미칩니다. 음식을 섭취하는 방식과 의식적으로 선택하는 과정이 마음의 평온과 연결됩니다.

매크로바이오틱 식단은 체중 관리, 만성 질환 예방, 그리고 일반적인 건강 증진에 도움을 줄 수 있습니다. 그러나 이 식단은 비타민과 미네랄의 부족을 초래할 수 있으므로, 전문가와 상담 후 신중하게 시작하는 것이 중요합니다. 또한, 이러한 접근 방식은 신체적 건강뿐만 아니라 정신적, 감정적 건강에도 중점을 두어, 전체적인 웰빙을 목표로 합니다.

2. 케토제닉(Ketogenic) 다이어트

자연의 치유식탁

- ➡ 원칙: 탄수화물 섭취를 극도로 제한하고, 지방을 주요 에너지원으로 사용합니다.
- ➡ 특징: 체중 감소와 일부 건강 상태 개선에 도움이 될 수 있지만, 장기적인 영향은 명확히 밝혀지지 않았습니다.

케토제닉 다이어트(Ketogenic Diet)는 매우 낮은 탄수화물, 중간 수준의 단백질, 그리고 높은 지방 함량을 특징으로 하는 식단입니다. 이 다이어트의 기본 원리는 탄수화물 섭취를 최소화하고, 지방 섭취를 늘려서 몸이 지방을 주요 에너지원으로 사용하게 만드는 것입니다. 이 과정에서 몸은 케톤체를 생성하게 되는데, 이것은 지방이 분해되어 생기는 물질로, 당분이 부족할 때 뇌를 포함한 다양한 기관에 에너지를 공급합니다.

케토제닉 다이어트의 주요 특징은 다음과 같습니다.

1) **낮은 탄수화물 섭취**: 케토 다이어트는 일반적으로 하루 탄수화물 섭취를 전체 칼로리의 약 5~10%로 제한합니다. 이는 하루에 약 20~50그램의 탄수화물에 해당합니다.

2) **높은 지방 섭취**: 케토제닉 다이어트의 핵심은 지방 섭취입니다. 이는 전체 칼로리의 약 70~80%에 해당합니다. 지방의 주요 원천으로는 아보카도, 견과류, 씨앗, 올리브 오일, 코코넛 오일 등이 있습니다.

3) **적당한 단백질 섭취**: 단백질 섭취량은 전체 칼로리의 약 20~25%가 적절합니다. 단백질을 과잉 섭취하면 케토제닉 상태를 방해할 수 있기 때문에 적당량을 유지하는 것이 중요합니다.

케토제닉 다이어트는 체중 감량, 혈당 조절, 심지어는 일부 뇌 관련 질환 관리에 효과적일 수 있습니다. 그러나 이 식단은 모든 사람에게 적합한 것은 아니며, 특히 당뇨병 환자, 심장 질환 환자, 임산부 등 특정 질병을 가진 사람들은 시작하기 전에 전문가와 상담해야 합니다.

장기적인 영향에 대해서는 여전히 연구가 필요하지만, 일부 연구에서는 케토제닉 다이어트가 심장 건강, 뇌 기능, 호르몬 균형에 긍정적인 효과를 줄 수 있다고 제시하고 있습니다. 그러나 엄격한 식이 제한을 요구하기 때문에 지속 가능성과 개인적 적합성을 고려해야 합니다.

3. 지중해식(Mediterranean) 식단

● **원칙**: 심장 건강에 좋은 식단으로, 신선한 과일, 채소, 견과류, 올리브 오일, 생선을 중심으로 합니다.

● **특징**: 건강한 지방, 섬유질 및 항산화제가 풍부합니다.

지중해식 식단(Mediterranean Diet)은 주로 지중해 연안 국가에서 발견되는 식습관을 기반으로 한 건강한 식단 방식입니다. 이 식단은 심장 건강 개선, 체중 감량, 심지어 특정 만성 질환의 위험 감소와 관련이 있습니다. 지중해식 식단의 주요 특징은 다음과 같습니다.

1) 식재료 구성

- 과일과 채소: 신선한 과일과 채소를 풍부하게 섭취합니다.
- 전곡류 및 콩류: 정제되지 않은 통곡물과 콩류를 주로 섭취합니다.
- 건강한 지방: 올리브 오일이 주요 지방 공급원입니다.
- 단백질원: 주로 생선, 해산물, 가금류를 섭취하며, 붉은 고기는 조금만 섭취합니다.
- 유제품: 요거트와 치즈와 같은 저지방 또는 비지방 유제품을 섭취합니다.
- 허브와 향신료: 음식의 맛을 내기 위해 소금 대신 허브와 향신료를 사용합니다.

2) 식습관

- 균형 잡힌 식사: 모든 식사에 다양한 식품 그룹을 포함합니다.
- 적당한 양 섭취: 과식을 피하고 적정량을 유지합니다.
- 사회적 식사: 가족이나 친구들과 함께 식사하는 것을 중시합니다.

3) 건강상의 이점

- 심장 건강: 심장 질환 위험 감소와 관련이 있습니다.
- 체중 관리: 건강한 식재료와 적당한 양을 섭취하여 체중 관리에 도움을 줍니다.
- 만성 질환 예방: 제2형 당뇨병, 특정 암 종류 및 기타 만성 질환의 위험을 줄일 수 있습니다.

4) 생활 방식

- 적극적인 생활: 지중해식 식단은 건강한 식습관뿐만 아니라 적극적인 생활 방식도 강조합니다.
- 스트레스 관리: 심신의 건강을 위한 적절한 휴식과 스트레스 관리를 중요시합니다.

지중해식 식단은 단순히 음식을 넘어서 생활 방식의 일부로 여겨지며, 건강한 심신을 위한 종합적인 접근 방식을 제공합니다. 다양하고 균형 잡힌 식단을 통해 장기적인 건강 혜택을 제공하는 것이 이 식단의 핵심입니다.

4. 팔레오(Paleo) 다이어트

- ➡ 원칙: 선사시대 인류의 식습관을 모방하여, 가공식품과 곡물, 유제품 섭취를 피합니다.
- ➡ 특징: 고기, 채소, 견과류 위주의 식단으로, 체중 감소에 도움이 될 수 있으나 장기적 효과는 불분명합니다.

팔레오 다이어트(Paleo Diet)는 선사 시대의 사람들이 먹었던 식단을 모방한 것으로, '구석기 시대 다이어트' 또는 '원시인 다이어트'라고도 불립니다. 이 식단의 기본 원칙은 농업 발전 이전에 사냥과 채집으로 얻을 수 있었던 음식을 섭취하는 것입니다. 팔레오 다이어트의 주요 특징과 장단점은 다음과 같습니다.

1) 섭취 권장 식품

- 단백질원: 사냥이 가능한 고기, 생선, 해산물 및 달걀
- 채소와 과일: 다양한 신선한 채소와 과일
- 견과류와 씨앗: 아몬드, 호두, 피칸, 해바라기씨 등
- 건강한 지방: 아보카도, 올리브 오일, 코코넛 오일 등

2) 제한하는 식품

- 곡물류: 밀, 쌀, 옥수수 등 모든 종류의 곡물
- 가공 식품: 가공된 육류, 설탕, 인공 첨가물이 포함된 식품
- 유제품: 우유, 치즈, 버터 등
- 콩류: 콩, 렌즈콩, 땅콩 등

3) 식습관 및 조리법

- 간단하고 자연 상태에 가까운 음식을 선호합니다.
- 현대적인 조리법 대신, 전통적인 조리법을 사용합니다. (예: 구이, 찜, 무침 등)

4) 장점

- 가공 식품 제한: 가공 식품과 설탕 섭취 감소로 건강한 식습관을 촉진합니다.
- 식이섬유 및 영양소 풍부: 과일, 채소, 견과류 등을 통해 식이섬유와 영양소를 섭취합니다.
- 염증 감소 가능성: 일부 연구에서 팔레오 다이어트가 염증 감소에 도움이 될 수 있음을 시사합니다.

5) 단점

- 균형 잡힌 식단 한계: 일부 필수 영양소가 부족할 수 있으며, 유제품과 곡물류를 통해 얻을 수 있는 영양소가 결핍될 수 있습니다.

- 지속 가능성: 장기적으로 지속하기 어려울 수 있으며, 사회적인 식사나 외식에 어려움이 있을 수 있습니다.
- 과학적 근거 논란: 팔레오 다이어트의 효능과 고대 인류의 실제 식단에 대해 과학적 논란이 있습니다.

팔레오 다이어트는 현대 사회의 가공 식품과 달리 자연에서 얻을 수 있는 식품에 초점을 맞춘 식단입니다. 이는 체중 감소, 염증 감소 및 건강한 식습관 형성에 도움이 될 수 있지만, 장기적인 관점에서 균형 잡힌 식단 유지와 지속 가능성을 고려해야 합니다.

5. 탄수화물 사이클링(Carb Cycling) 다이어트

➡ 원칙: 탄수화물 섭취를 조절하여 체중 감소와 근육 유지를 목표로 합니다.
➡ 특징: 고탄수화물 섭취일(day)과 저 저탄수화물 섭취일(day)을 번갈아 가며, 운동과 맞춰 식단을 조절합니다.

Carbs
cooking ingredients

탄수화물 사이클링 다이어트(Carb Cycling Diet)는 체중 감량, 체지방 감소, 근육량 증가를 목표로 하는 운동 선수나 피트니스 애호가들 사이에서 인기 있는 식단 방법입니다. 이 다이어트의 핵심은 탄수화물 섭취량을 일정 주기로 조절하는 것입니다. 일반적으로 높은 탄수화물 섭취일과 낮은 탄수화물 섭취일을 번갈아가며 계획합니다.

1) **주기적인 탄수화물 섭취 조절**: 이 다이어트는 일주일 동안 탄수화물 섭취량을 조절하여, 며칠은 고탄수화물을 섭취하고 다른 날은 저탄수화물을 섭취합니다.

2) **운동 일정과 연계**: 고탄수화물 섭취일은 주로 고강도 운동이나 근력 훈련을 하는 날에 맞추고, 저탄수화물 섭취일은 쉬는 날이나 가벼운 운동을 하는 날에 배치합니다. 이는 운동 성능을 최적화하고 회복을 돕기 위함입니다.

3) **체중 감량과 근육량 증가 목표**: 탄수화물 사이클링은 체중 감량과 동시에 근육량을 유지하거나 늘리는 데 도움을 줄 수 있습니다. 저탄수화물 섭취일에는 체지방 감소에 중점을 두고, 고탄수화물 섭취일에는 에너지와 근육 회복에 집중합니다.

4) **맞춤형 다이어트 계획**: 개인의 운동 목표, 체중, 건강 상태에 따라 탄수화물 섭취량과 사이클링 패턴을 조정해야 합니다.

5) **장점**: 운동 효율성이 증가하고 대사율이 개선되며, 근육량을 유지하거나 늘리는 데 도움이 됩니다.

6) **단점**: 지속적인 식단 관리와 계획이 필요하며, 특히 탄수화물 섭취를 정확하게 조절해야 하므로 일부 사람들에게는 관리가 어려울 수 있습니다.

탄수화물 사이클링 다이어트는 특히 운동을 병행하는 개인에게 유익할 수 있으나, 시작하기 전에 영양사나 건강 전문가와 상의하는 것이 중요합니다. 개인의 건강 상태와 목표에 따라 맞춤형 계획을 수립해야 합니다.

6. 아유르베다(Ayurvedic) 다이어트

● **원칙**: 인도 전통의학에서 유래한, 개인의 체질과 균형에 맞춘 식단을 제안합니다.

● **특징**: 식품을 약으로 사용하며, 정신적, 신체적 균형을 중시합니다.

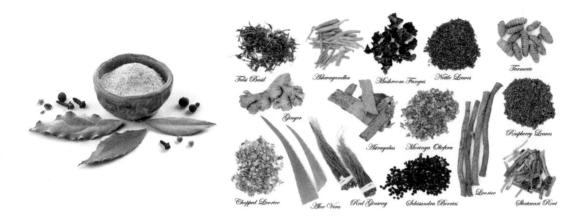

아유르베다 다이어트(Ayurvedic Diet)는 고대 인도에서 유래한 전통적인 치유 시스템인 아유르베다의 원칙에 기초한 식단입니다. 아유르베다는 '생명의 과학'을 의미하며, 개인의 몸과 마음의 균형을 중시합니다. 이 식단의 핵심은 개인의 체질(도샤)에 맞는 음식을 선택하여 신체적, 정신적 건강을 유지하고 증진하는 데 있습니다.

아유르베다에서는 주로 세 가지 주요 체질인 바타(Vata), 피타(Pitta), 카파(Kapha)를 구분합니다. 각 체질은 서로 다른 특성이 있으며, 개인의 건강 상태와 성향을 결정합니다. 아유르베딕 다이어트는 이러한 체질을 고려하여 개인에게 가장 적합한 음식과 생활 습관을 제안합니다.

1) 바타(Vata): 바타는 공기와 공간의 원소로 구성되어 있으며, 이 체질은 건조하고, 가벼우며, 차가운 특성이 있습니다. 바타 체질에는 따뜻하고 유연하며, 기름진 음식이 권장됩니다.

2) 피타(Pitta): 피타는 불과 물의 원소로 이루어져 있으며, 이 체질은 뜨겁고, 날카롭고, 강렬한 특성이 있습니다. 피타 체질에는 시원하고 영양가 있는 음식이 좋으며, 맵고 짠 산성 음식은 피하는 것이 좋습니다.

3) 카파(Kapha): 카파는 물과 흙의 원소로 구성되어 있으며, 이 체질은 무겁고, 느리며, 안정적인 특성이 있습니다. 카파 체질에는 가볍고 자극적인 음식이 권장되며, 달고 짭짤하고 기름진 음식은 피해야 합니다.

아유르베다 다이어트는 단순한 체중 감량이나 건강 개선을 넘어서, 신체와 마음의 조화를 추구합니다. 그러나 이 식단은 개인의 체질과 상태에 맞게 맞춤화되어야 하며, 전문가와 상담을 통해 구성하는 것이 가장 좋습니다. 또한, 현대 의학적 관점과 병행하여 접근하는 것이 바람직합니다.

7. 간헐적 단식(Intermittent Fasting, IF)

⊙ 원칙: 정해진 시간 동안만 식사하고, 나머지 시간은 금식하는 방식입니다.

⊙ 특징: 체중 감소, 대사 건강 개선 등의 효과가 있으며, 다양한 방법이 있습니다.

자연의 치유식탁

간헐적 단식(Intermittent Fasting, IF)은 식사와 금식을 번갈아가며 하는 식습관입니다. 이 방법은 체중 감량, 건강 개선 및 장수에 도움이 되는 것으로 알려져 있습니다. 간헐적 단식에는 여러 가지 방법이 있는데, 가장 대표적인 방법들은 다음과 같습니다.

1) **16/8 방법**: 하루 중 16시간은 금식하고 8시간 동안만 식사를 합니다. 예를 들어, 저녁 8시에 마지막 식사를 하고 다음 날 정오까지 금식하는 식입니다.

2) **5 : 2 다이어트**: 일주일에 5일은 정상적으로 식사하고, 2일은 하루에 500~600칼로리만 섭취하는 방법입니다.

3) **대체일 단식(Eat-Stop-Eat)**: 일주일에 1~2일은 24시간 동안 완전히 금식하고, 나머지 날에는 정상적으로 식사하는 방법입니다.

간헐적 단식의 이점은 다양합니다. 체중 감량과 지방 감소, 인슐린 저항성 개선, 염증 감소, 심장 건강 개선 등이 연구를 통해 보고되었습니다. 또한, 일부 연구에서는 뇌 건강 증진과 노화 지연 효과도 관찰되었습니다.

하지만 간헐적 단식이 모든 사람에게 적합한 것은 아닙니다. 특히 당뇨병 환자, 임산부, 수유부, 성장기 청소년, 식이 장애가 있는 사람 등은 이 방법을 시도하기 전에 전문가의 상담을 받아야 합니다. 또한, 간헐적 단식이 장기적인 건강에 미치는 영향에 대해서는 추가적인 연구가 필요합니다.

8. 듀칸(Dukan) 다이어트

◑ 원칙: 고단백, 저탄수화물 식단으로 체중 감소에 중점을 둡니다.

◑ 특징: 4단계로 나누어져 있으며, 식단의 엄격한 단계적 접근을 요구합니다.

듀칸 다이어트(Dukan Diet)는 프랑스의 영양학자 피에르 듀칸(Pierre Dukan)이 개발한 고단백, 저탄수화물 다이어트입니다. 이 다이어트는 체중 감량과 체중 유지를 목적으로 하는데, 특히 단백질 섭취에 중점을 두고 있습니다. 듀칸 다이어트는 크게 네 단계로 나뉩니다.

1) **공격 단계(Attack Phase)**: 초기 단계는 고단백질 식품만을 섭취하는 기간으로, 일반적으로 5~10일간 지속됩니다. 고기, 생선, 달걀, 지방이 없는 유제품 등이 포함되며, 탄수화물과 지방의 섭취는 매우 제한됩니다.

2) **순항 단계(Cruise Phase)**: 이 단계에서는 특정 채소를 고단백질 식품과 번갈아 가며 섭취

합니다. 이 단계는 목표 체중에 도달할 때까지 지속되며, 체중 감량 속도는 사람마다 다릅니다.

3) **고정 단계(Consolidation Phase):** 목표 체중에 도달한 후, 체중을 유지하기 위한 단계입니다. 이 단계에서는 단백질 중심의 식단에 일부 과일, 전곡물 빵, 치즈와 같은 식품이 추가됩니다. 또한 일주일에 한 번씩 순수 단백질만 섭취하는 '단백질의 날'이 있습니다.

4) **안정화 단계(Stabilization Phase):** 마지막 단계는 평생 지속됩니다. 이 단계의 주요 규칙은 일주일에 한 번 고단백질 식단을 유지하는 것입니다. 나머지 시간에는 정상적인 식사를 하되, 과식을 피하고 건강한 식습관을 유지하는 것이 권장됩니다.

듀칸 다이어트는 초기에 빠른 체중 감량 효과를 볼 수 있지만, 장기적인 건강 영향에 대해서는 의견이 분분합니다. 고단백질 식단은 일부 사람들에게는 적합하지 않을 수 있으며, 탄수화물과 지방의 제한으로 인해 영양 불균형이 생길 위험이 있습니다. 따라서 이 다이어트를 시작하기 전에 의사나 영양 전문가와 상담하는 것이 중요합니다.

9. 생식(raw diet) 다이어트

- ◑ **원칙:** 가공하거나 조리하지 않은 식품을 섭취하여 체중 감소와 건강 증진에 중점을 둡니다.
- ◑ **특징:** 주로 신선한 과일, 채소, 견과류, 씨앗, 발효 식품을 포함하며, 식품의 자연 상태를 최대한 유지하는 것을 목표로 합니다.

생식 다이어트(Raw Food Diet)는 자연 상태의 식품을 그대로 섭취하여 최대한의 영양소와 생명력을 얻고자 하는 식습관입니다. 이 다이어트는 가공되지 않고, 열을 가하지 않은 식품을 주로 섭취함으로써 체중 감소와 전반적인 건강 증진을 목표로 합니다. 생식 다이어트의 핵심 원칙과 특징을 아래와 같이 상세히 설명합니다.

■핵심 원칙

1) **가공하지 않은 식품 섭취:** 모든 식품은 자연 그대로, 가공하지 않은 형태로 섭취합니다. 이는 식품이 가진 자연의 영양소와 효소를 최대한 보존하기 위함입니다.

2) **조리하지 않은 식품 섭취:** 생식 다이어트 식품은 대부분 48℃(118℉) 이하의 온도에서 준비됩니다. 고온에서 조리하면 식품의 영양소가 파괴되고 효소가 손실될 수 있기 때문입니다.

■주요 특징

1) **신선한 과일과 채소:** 과일과 채소는 생식 다이어트의 기본을 이루며 다양한 비타민, 미네랄, 섬유질, 항산화제를 제공합니다.

2) **견과류와 씨앗:** 견과류와 씨앗은 건강한 지방, 단백질, 에너지원을 제공합니다. 이들도 생으로 섭취하거나 발아시켜 먹습니다.

3) **발효 식품:** 김치, 사우어크라우트, 케피어와 같은 발효 식품은 생식 다이어트에서 중요한 역할을 합니다. 발효 과정을 거친 식품은 소화를 돕고 장내 유익한 박테리아의 성장을 촉진합니다.

4) **식품의 자연 상태 유지:** 식품을 가공하거나 조리하는 과정을 최소화하여 식품이 가진 자연의 맛과 영양을 최대한 살립니다.

5) 장점
- 영양소와 효소의 최대 보존
- 체중 감소 및 건강 증진
- 소화 개선과 장 건강 증진
- 천연 해독 효과

6) 주의점

생식 다이어트는 다양한 건강상의 이점을 제공할 수 있지만, 영양소 부족의 위험이 있습니다. 특히, 단백질, 철분, 칼슘, 비타민 B_{12}와 같은 필수 영양소가 부족해질 수 있으므로, 식단을 잘 계획하고 필요한 경우 보충제를 고려해야 합니다. 또한, 생식 다이어트를 시작하기 전에 영양 전문가나 의사와 상담하는 것이 중요합니다.

10. 비건(vegan diet) 다이어트

- 원칙: 동물성 제품을 전혀 섭취하지 않으며, 동물복지, 환경 보호, 개인의 건강 증진을 목적으로 합니다.
- 특징: 과일, 채소, 견과류, 씨앗, 콩류, 전곡물 등 다양한 식물성 식품을 기반으로 하며, 균형 있는 영양소 섭취를 추구합니다.

비건 다이어트는 동물성 제품을 전혀 섭취하지 않는 식습관으로, 식물 기반의 음식만을 먹습니다. 이 다이어트의 주된 원칙은 동물복지를 존중하고 환경을 보호하며 개인의 건강을 증진시키는 것입니다. 비건 다이어트의 특징으로는 다음과 같은 점들이 있습니다.

1) **식품 선택**: 과일, 채소, 견과류, 씨앗, 콩류, 전곡물 등 식물성 식품을 주요 식단으로 합니다. 이러한 식품들은 비건 다이어트를 따르는 사람들이 필요한 비타민, 미네랄, 섬유질, 식물성 단백질을 얻는 주요 수단입니다.

2) **영양소 균형**: 비건 다이어트는 단순히 동물성 제품을 배제하는 것 이상의 목적이 있으며, 모든 필수 영양소를 식물성 식품으로부터 효과적으로 섭취하려는 노력을 포함합니다. 비타민 B_{12}, 철분, 칼슘, 오메가-3 지방산과 같은 특정 영양소에 대한 충분한 섭취는 특히 중요합니다.

3) **건강상의 이점**: 비건 다이어트는 심장 질환, 고혈압, 제2형 당뇨병, 특정 암의 위험을 낮출 수 있는 것으로 연구되어 왔습니다. 또한, 체중 관리와 장 건강 개선에도 도움을 줄 수 있습니다.

4) **환경적 영향**: 비건 다이어트는 동물 농장에서 발생하는 온실가스 배출량을 줄이고, 물 사용량과 토지 사용량을 감소시키는 등 환경 보호에 긍정적인 영향을 미칠 수 있습니다.

비건 다이어트를 시작하기 전에, 영양소의 균형을 유지하기 위한 적절한 계획이 필요합니다. 필요한 경우 영양사의 도움을 받아 개인의 건강 상태와 필요에 맞는 식단을 구성하는 것이 좋습니다.

UNIT 3. 내 몸에 맞는 식단 찾기

이 단원은 건강한 식사 방법과 그 효과에 초점을 맞춥니다. 건강한 식사의 중요성, 올바른 식습관의 구축, 다양한 식품군과 영양소의 균형에 대한 교육이 포함됩니다.

1. 건강한 식사의 기본 개념

건강한 식사의 기본은 균형 잡힌 영양소를 섭취하는 것입니다. 이는 탄수화물, 단백질, 지방, 비타민, 미네랄 및 수분의 적절한 비율을 말합니다.

예를 들어, 아침 식사로는 통곡물 빵에 아보카도를 얹고, 달걀을 하나 곁들이는 것이 좋습니다. 이 조합은 건강한 지방, 단백질, 그리고 복합 탄수화물을 제공하기에 영양학적으로 매우 균형 잡힌 조합입니다. 각각의 재료들이 제공하는 건강상의 이점을 구체적으로 살펴보겠습니다.

자연의 치유식탁

- 통곡물 빵: 통곡물 빵은 정제된 밀가루로 만든 빵보다 영양가가 높습니다. 통곡물은 섬유질이 풍부하여 포만감을 오래 지속시켜 체중 관리에 도움을 줄 수 있습니다. 또한, 복합 탄수화물이 포함되어 에너지를 점진적으로 방출하며, 급격한 혈당 상승을 방지합니다.
- 아보카도: 아보카도는 건강한 단일 불포화 지방이 풍부하여 심장 건강에 이롭습니다. 이런 종류의 지방은 좋은 HDL 콜레스테롤을 증가시킬 수 있습니다. 또한 칼륨, 비타민 E, 비타민 C 등 필수 영양소가 있습니다.
- 달걀: 달걀은 뛰어난 단백질 공급원입니다. 단백질은 근육의 건강과 성장에 중요하며, 신체의 여러 중요한 기능을 지원합니다. 달걀에는 비타민 D, B_{12}, 셀레늄 및 콜린과 같은 중요한 영양소가 포함되어 있습니다.

아보카도-달걀 통곡물 토스트(Avocado-Egg Whole Grain Toast)

재료
- 통곡물 빵: 2조각
- 잘 익은 아보카도: 1개
- 신선한 달걀: 2개
- 올리브 오일: 약간
- 소금: 0.9%
- 후추: 약간
- 레몬즙: 몇 방울 (선택 사항)
- 신선한 허브(예: 파슬리, 바질): 장식용

조리 방법
1. 토스트 준비하기: 통곡물 빵을 토스터기나 오븐에서 바삭하게 토스트합니다.
2. 아보카도 준비하기: 아보카도를 반으로 자르고 씨를 제거한 뒤, 과육을 얇게 슬라이스 합니다. 아보카도에 소금, 후추, 레몬즙을 약간 더해 간을 합니다.
3. 달걀 요리하기: 달걀을 8분 삶아 반숙을 만듭니다. (선호하는 익힘 정도로 삶을 수 있습니다. 예를 들어, 반숙, 완숙 등)
4. 플레이팅하기: 토스트 위에 올리브 오일을 뿌리고, 아보카도를 올리고, 그 옆에 달걀을 올립니다.
5. 마무리: 소금과 후추로 간을 마무리하고, 신선한 허브로 장식합니다.

점심식사에는 채소, 단백질, 그리고 건강한 지방이 풍부한 샐러드를 선택할 수 있습니다.

예를 들어, 연어, 아보카도, 견과류, 그리고 다양한 신선한 채소가 들어간 샐러드는 오메가-3 지방산, 비타민, 미네랄을 제공합니다. 각각의 재료들이 제공하는 건강상의 이점을 구체적으로 살펴보겠습니다.

- 연어 필레: 연어는 오메가-3 지방산이 풍부해 심장 건강에 좋습니다. 또한, 고단백질이며 비타민 D와 셀레늄을 다량 함유하고 있어 면역력 강화와 뼈 건강에도 도움을 줍니다.
- 신선한 아보카도: 아보카도는 심장 건강에 좋은 단일 불포화 지방산을 함유하고 있습니다. 그리고 칼륨, 비타민 E, B가 풍부하여 신경계와 피부 건강에도 좋습니다.
- 혼합 견과류(아몬드, 호두, 피칸 등): 견과류는 건강한 지방, 단백질, 섬유질이 풍부하며, 항산화제, 비타민, 미네랄이 다량 함유되어 있어 심장 건강과 체중 관리에 도움을 줍니다.

- 혼합 채소(아루굴라, 베이비 스피니치, 로메인 등): 혼합 채소는 비타민, 미네랄, 섬유질을 제공하여 다양한 영양소를 섭취할 수 있고 소화건강을 돕습니다.
- 방울토마토: 비타민 C, 칼륨, 항산화제인 라이코펜이 풍부하여 심장과 피부 건강에 좋습니다.
- 레몬즙과 올리브 오일: 레몬즙은 비타민 C를, 올리브 오일은 건강한 지방을 제공합니다. 레몬즙은 면역력 강화에, 올리브 오일은 심장 건강에 이로운 효과가 있습니다.
- 꿀과 다진 마늘: 꿀은 자연적인 단맛을 제공하며, 마늘은 항염증과 항균 효과가 있어 전반적인 건강에 도움을 줍니다.

연어 아보카도 견과류 채소 샐러드(Salmon Avocado Nut Vegetable Salad)

재료
- 연어 필레: 2조각 (각각 150g 정도)
- 신선한 아보카도: 1개 (썰어둔 것)
- 혼합 견과류(아몬드, 호두, 피칸 등): 1/2컵
- 혼합 채소(아루굴라, 베이비 스피니치, 로메인 등): 3컵
- 방울토마토: 1컵 (반으로 자른 것)
- 오이: 1개 (다진 것)
- 레몬즙: 2큰술
- 올리브 오일: 4큰술
- 꿀: 1큰술
- 다진 마늘: 1티스푼
- 신선한 딜 (또는 파슬리): 약간
- 소금과 후추: 약간

조리 방법
1. 연어 준비: 생연어를 작게 슬라이스 합니다. 드레싱을 만들어 연어를 마리네이드 해놓습니다.
2. 드레싱 만들기: 작은 그릇에 레몬즙, 남은 올리브 오일 3큰술, 꿀, 다진 마늘, 소금, 후추를 섞어 드레싱을 만듭니다.
3. 샐러드 조립하기: 큰 그릇에 혼합 채소, 방울토마토, 오이, 견과류를 넣습니다. 아보카도를 넣고 드레싱을 뿌려 가볍게 섞습니다.
4. 플레이팅하기: 샐러드를 접시에 담고, 위에 연어 마리네이드를 올립니다. 신선한 딜이나 파슬리로 장식합니다.

저녁식사에는 통곡물 혹은 감자와 같은 복합 탄수화물, 채소, 그리고 닭가슴살이나 콩과 식물 같은 단백질을 포함한 식사를 할 수 있습니다. 예를 들어, 구운 닭가슴살에 퀴노아와 채소를 곁들인 요리는 영양가 높은 완전식사가 될 수 있습니다. 채소와 퀴노아의 조화는 섬유질과 필수 영양소를 제공하며, 구운 닭가슴살은 단백질의 좋은 원천입니다.

각각의 재료들이 제공하는 건강상의 이점을 구체적으로 살펴보겠습니다.

- 닭가슴살: 고단백질, 저지방 식품으로 근육 건강과 체중 관리에 이상적입니다. 또한 필수 아미노산을 함유하여 체내 필수 영양소 공급에 중요한 역할을 합니다.
- 퀴노아: 고품질의 식물성 단백질과 섬유질을 함유한 완전식품으로, 복합 탄수화물이 풍부해 장기간 에너지를 제공합니다. 또한, 비타민 B, 철분, 마그네슘, 칼륨 등이 풍부합니다.
- 애호박: 비타민 A, 비타민 C, 섬유질 및 미네랄이 풍부하여 전반적인 건강에 좋습니다.
- 레몬즙과 올리브 오일: 비타민 C가 풍부한 레몬즙은 면역력 강화에, 올리브 오일은 심장 건강에 좋은 건강한 지방을 제공합니다.
- 붉은 양파와 마늘: 항산화제와 항염증 성분을 함유하고 있어 면역력 강화 및 전반적인 건강에 이롭습니다.
- 신선한 허브(로즈메리, 타임 등): 항산화제와 항염증 성분이 풍부하며, 음식의 풍미를 향상합니다.

허브 구운 닭가슴살과 퀴노아 채소 샐러드
(Herb-grilled chicken breast and quinoa vegetable salad)

재료
- 닭가슴살: 2조각
- 연두: 1큰술
- 퀴노아: 1컵
- 믹스 채소(양상추, 로메인, 케일 등): 2컵
- 방울토마토: 1컵 (반으로 자름)
- 오이: 1개 (다진 것)
- 애호박: 1/2개 (슬라이스)
- 레몬즙: 2큰술
- 올리브 오일: 3큰술
- 붉은 양파: 1/4개 (슬라이스)
- 마늘: 2쪽 (다진 것)
- 신선한 허브(로즈메리, 타임 등): 약간
- 소금과 후추: 약간
- 파마산 치즈 또는 페타 치즈: 장식용

자연의 치유식탁

조리 방법
1. 닭가슴살 준비: 닭가슴살에 연두, 소금, 후추, 마늘, 다진 허브를 문질러 양념합니다. 팬에 올리브 오일을 두르고 닭가슴살을 양쪽이 황금색이 될 때까지 약 4~5분씩 구운 후 적당한 크기로 자릅니다.
2. 퀴노아 조리하기: 퀴노아를 물 2컵과 함께 끓여 익힌 후, 불을 줄여 물이 완전히 졸아들 때까지 약 15분간 더 익힙니다. 불을 끄고 뚜껑을 덮어 5분간 뜸을 들인 후 포크로 풀어줍니다.
3. 채소 준비하기: 채소는 깨끗이 씻어 적당한 크기로 자릅니다.
4. 애호박 굽기: 애호박은 슬라이스하여 소금과 후추로 간하고 프라이팬에 올리브 오일을 뿌리고 살짝 구워줍니다.
5. 드레싱 만들기: 별도의 그릇에 레몬즙, 올리브 오일, 소금, 후추를 섞어 드레싱을 만듭니다.
6. 샐러드 조립하기: 큰 그릇에 퀴노아, 믹스 채소, 방울토마토, 오이를 넣고 드레싱을 뿌려 잘 섞습니다.
7. 플레이팅하기: 샐러드 위에 구운 닭가슴살을 올리고, 원한다면 파마산 치즈나 페타 치즈를 뿌려 장식합니다.

이처럼 균형 잡힌 식사를 통해 우리는 필요한 영양소를 섭취하여 에너지 수준을 높이고, 면역 체계를 강화하며, 전반적인 건강을 개선할 수 있습니다. 건강한 식사 습관은 단순히 몸무게를 관리하는 것을 넘어서, 정신적, 신체적 웰빙을 증진하는 데 중요한 역할을 합니다.

다양한 종류의 신선한 과일과 채소, 통곡물, 단백질, 건강한 지방 등의 균형 잡힌 식단을 포함합니다. 이러한 식재료들은 우리 몸에 필요한 영양소를 제공하며, 동시에 우리의 정신적, 신체적 건강을 증진합니다.

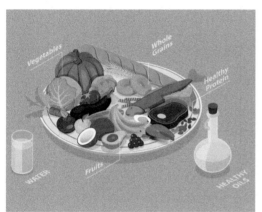

1) **신선한 과일과 채소:** 과일과 채소는 비타민, 미네랄, 항산화제, 섬유질을 풍부하게 함유하고 있습니다. 이러한 영양소들은 면역 체계를 강화하고, 염증을 줄이며, 전반적인 건강을 유지하는 데 중요한 역할을 합니다. 과일과 채소는 색에 따라 함유한 영양소가 다르므로, 각기 다른 색을 띠는 것을 먹으면 다양한 영양소를 섭취할 수 있습니다.

2) **통곡물:** 통곡물에는 섬유질, 비타민 B, 미네랄, 복합 탄수화물이 포함되어 있습니다. 이들은 장 건강을 증진하고, 혈당 수준을 안정화하며, 장기적인 에너지를 제공합니다. 예를 들어 통밀빵, 갈색 쌀, 귀리, 퀴노아 등이 있습니다.

3) **단백질:** 단백질은 근육 성장과 회복, 호르몬 및 효소 생산, 그리고 건강한 면역 체계 유지에 필수적입니다. 식물성 단백질(콩류, 견과류, 씨앗)과 동물성 단백질(닭가슴살, 생선, 저지방 육류, 유제품) 모두 포함하는 것이 좋습니다.

4) **건강한 지방:** 자연식재료의 건강한 지방산은 심장 건강을 증진하고, 염증을 줄이며, 뇌 건강을 지원합니다. 건강한 지방의 원천으로는 아보카도, 견과류, 씨앗류, 올리브 오일, 생선(특히 오메가-3 지방산이 풍부한 연어) 등이 있습니다.

UNIT 4. 건강한 식사의 실제적인 효과: 사례 연구

건강한 식사는 신체적, 정신적, 감정적 건강에 긍정적인 영향을 미칩니다. 여기 세 가지 사례를 통해 구체적으로 살펴보겠습니다.

○ 사례 1: 문춘옥의 푸드테라피

문춘옥씨는 난소암 말기 진단을 받고 여러 장기를 제거하는 대수술을 받은 뒤 재발하여 항암과 방사선 치료를 받았습니다. 그녀의 건강 상태는 극도로 악화되었지만, 치유 음식을 통해 기적적으로 암을 극복하고 건강한 삶을 되찾았습니다. 그녀는 이 경험을 바탕으로 치유 음식에 관한 책『푸드테라피』를 집필하고, 푸드 닥터로서 활동하며 다른 이들에게 치유 음식의 중요성을 전파했습니다. 그녀의 이야기는 음식이 단순한 영양 공급원이 아니라 강력한 치유 수단이 될 수 있음을 보여줍니다.

○ 사례 2: 마돈나의 매크로바이오틱 식사

세계적인 팝스타 마돈나는 오랫동안 매크로바이오틱 식사를 실천하며 건강과 활력을 유지해왔습니다. 매크로바이오틱 식단은 균형 잡힌 식단을 통해 전반적인 건강을 증진하는 데 중점을 둡니다. 마돈나의 경우, 이 식단은 지속 가능한 에너지, 정신적 명료함, 그리고 무대에서 필요한 체력을 유지하는 데 도움을 줬습니다.

위 사례들은 건강한 식사가 단순히 신체적 건강에만 기여하는 것이 아니라, 정신적, 감정적 안정감과 같은 다양한 영역에서 긍정적인 변화를 가져올 수 있음을 보여줍니다. 이는 우리가 매일 겪는 스트레스와 도전에 대처하는 데에도 큰 도움이 됩니다.

○ 사례 3: 건강한 식사의 실제적인 효과: 좋은 지방 식사법

『좋은 지방 식사법: 저탄수화물 고필수지방 음식치료』의 저자인 이권세, 조창인, 채기원은 아이엔여기한의원네트워크의 창립원장으로, 현대인의 식생활이 질병에 미치는 영향을 깊이 연구해왔습니다. 이들은 전통적인 한의학과 현대적인 영양학을 결합하여, 식사를 통한 치유와 건강 증진에 중점을 두고 있습니다.

1) 건강한 식사의 중요성

- 음식과 질병의 관계: 현대인의 질병은 종종 식생활의 변화, 특히 탄수화물 과다 섭취, 포화지방 과다 및 필수지방 부족과 관련이 있습니다. 이 책은 건강한 식사가 질병 예방과 치료에 중요한 역할을 할 수 있음을 강조합니다.

2) 저탄수화물 고필수지방 식단의 효과

- 암 치유 및 예방: 필수지방산은 몸의 자생력을 키우는 데 중요하며, 특히 암과 같은 질병에 대한 저항력을 높이는 데 도움을 줍니다. 돼지고기와 오리고기와 같은 열에 강한 필수지방산을 함유한 식품은 암수술 후 회복기 환자에게 특히 유익합니다.
- 체내 세포의 건강 유지: 필수지방산은 세포의 정상적인 기능 유지에 중요한 역할을 합니다. 오메가3와 오메가9 지방산과 같은 필수지방산은 심장세포의 건강 유지에 필수적입니다.
- 건강한 식물성 기름의 중요성: 생들기름과 올리브 오일과 같은 변성되지 않은 식물성 기름은 필수지방산을 풍부하게 함유하고 있으며, 이는 신체의 다양한 기능을 지원합니다.

3) 실제 적용 사례

- 암 환자의 치유 사례: 이 책은 건강한 식단이 암 환자들의 수술 후 회복 과정에 미치는 긍정적인 영향을 강조합니다. 피부 증상, 메슥거림, 관절 통증, 무기력, 불면증 등이 현저하게 개선되었다는 사례를 제시합니다.

이러한 접근 방식은 단순히 식사를 통한 신체적 건강 개선뿐만 아니라, 전반적인 삶의 질 향상에도 기여합니다. 필수지방산의 중요성과 이를 반영한 식사 치료는 현대인의 다양한 질병에 대응하는 새로운 방법을 제시합니다.

PART 8

지역 커뮤니티와의 상생

Part 8에서는 지역 커뮤니티 내에서 이루어지는 상생과 협력의 중요성을 탐구합니다. 여기서는 농부, 스타 셰프, 맛샘(요리 전문가) 간의 협력과 교류, 그리고 지역 사회와 식문화 간의 상호 영향을 집중적으로 다룹니다.

첫 번째 장 '검단농부, 스타셰프, 맛샘 간의 협력과 교류'에서는 다양한 분야의 전문가들이 어떻게 서로 협력 하여 지역 식문화와 농업을 발전시키는지를 살펴봅니다. 이 장에서는 이들 간의 협력이 어떻게 창의적인 요리법 과 지속 가능한 농업 방법을 낳았는지, 그리고 이러한 협력이 지역 커뮤니티에 어떤 긍정적인 영향을 미치는지를 탐구합니다.

두 번째 장 '지역 사회와 식문화의 상호 영향'에서는 지역 커뮤니티와 식문화가 서로에게 미치는 영향을 다룹니 다. 지역 사회의 문화와 식문화는 서로 긴밀하게 연결되어 있으며, 이러한 상호 작용은 지역 식문화의 발전과 지 역 사회의 동질감을 증진합니다.

Part 8에서는 지역 커뮤니티 내에서의 상생과 협력이 어떻게 각각의 분야를 강화하고, 전체 커뮤니티의 발전을 이끌어내는지에 대한 통찰을 제공합니다. 지역 사회와 식문화의 상호 영향을 통해, 우리는 더욱 풍부하고 다채로 운 식문화를 경험할 수 있습니다.

Creating the Taste of Tomorrow

"자연의 속삭임, 치유의 손길: 농업을 통한 마음과 몸의 회복"

검단농부,
스타셰프, 맛샘 간의 협력과 교류

검단 지역에서의 아름다운 상생은 농부, 스타셰프, 맛샘 간의 따뜻한 협력과 교류에서 비롯됩니다. 스타셰프가 이남수 영농회장에게 선물한 벨루가 캐비어는 그의 가정에 소중한 추억을 남겼습니다. 이 작은 선물은 농부의 아들, 주원이를 세련된 식도락가로 성장시켰습니다.

2023년 9월, 스타셰프는 이남수 회장의 농장에서 스테비아 식물을 발견하고, 이를 이용해 당뇨 환자들을 위한 맛있고 건강한 요리를 선보여 큰 호평을 받았습니다. 이 일로 맛샘들은 큰 영감을 받았고, 이남수 대표의 농업에 대한 열정과 지식에 감명받아 부천대학교 호텔외식조리학과 학생들에게 농산물의 중요성을 가르치며 지식을 전달하고 있습니다.

자연의 치유식탁

농업회사법인 단풍나무
(주)메이플트리

지역 사회와 식문화의 상호 영향

농부, 셰프, 맛샘의 협력은 지역 사회와 식문화에 긍정적인 영향을 미치며 상호 성장의 기반을 마련합니다.

1. 지역 문화의 발전

검단 지역의 농산물과 식문화는 지역의 역사와 전통을 담고 있으며, 이를 통해 지역 사회의 정체성을 강화합니다.

2. 경제적 번영과 일자리 창출

지역 농산물을 활용하는 식당과 카페는 지역 경제에 활력을 불어넣으며, 지역 주민들에게 일자리를 제공합니다.

3. 사회적 결속과 공동체 의식 강화: 지역 축제와 공동 식사의 중요성

공동의 식사 경험과 지역 축제는 지역 사회의 결속력을 강화하고, 소속감을 높이는 역할을 합니다.

2024년, 코로나19가 종식된 후에도 지역 축제는 중요한 의미를 지닙니다. 인천광역시 서구 자원순환로에 위치한 드림파크 야생화공원은 매립지 국화축제에서 국화뿐만 아니라 대규모 코스모스밭과 핑크뮬리를 조성하여 지역 주민들에게 개방합니다. 이러한 축제는 방문객에게 삶의 아름다움과 휴식을 제공하며, 축제에서 함께 즐기는 경험은 지역사회의 정서적 유대를 강화하는 데 기여합니다.

자연의 치유식탁

○ **드림파크 야생화단지 꽃 축제**

2018년, 드림파크 야생화단지에서 열린 축제는 검단 지역사회에 특별한 추억을 선사했습니다. 지역 주민들이 함께 모여 맛있는 파전, 소시지 꼬치, 닭꼬치를 즐기며 아름다운 꽃을 감상하는 시간은 지역 공동체의 결속력을 강화하는 데 중요한 역할을 했습니다. 이러한 축제는 지역 주민들 간의 소통과 연대를 촉진하며, 코로나19로 인한 어려움 속에서도 이러한 추억은 공동체 의식을 높이는 중요한 사건이었습니다.

지역 축제는 단순한 즐거움을 넘어서 지역 문화의 발전과 지역 경제의 활성화에도 기여합니다. 축제를 통해 지역 농산물과 음식문화를 소개하고, 지역 예술가들과 장인들의 작품을 선보임으로써 지역의 문화적 자산을 알리고, 지역 경제에 활력을 불어넣습니다.

이러한 축제와 공동의 식사 경험은 검단 지역 사회의 결속력을 높이고, 지역 주민들 간의 소속감과 공동체 의식을 강화하는 데 핵심적인 역할을 합니다. 앞으로도 이러한 축제와 행사는 지역 커뮤니티의 상생과 발전을 위한 중요한 플랫폼으로 자리매김할 것입니다.

더불어, 2022년, 경북 봉화 해오름농장의 최종섭 대표와의 협력을 통해 '팜투테이블 레스토랑' 아이디어를 공유하며, 치유농업과 음식치유에 대한 가능성을 탐색하고 지역 농업과 식문화에 새로운 비전을 제시했습니다.

최종섭 대표의 해오름농장은 건강 기능성 채소를 재배하고 유통하여 지역 농업의 새로운 가능성을 제시하고 있습니다. 그의 농장은 지역경제에 기여할 뿐만 아니라, 국내외 요리사와 학생에게 식재료 교육과 체험의 장을 제공하며 농업의 6차 산업화에 기여하고 있습니다.

이러한 농부, 셰프, 맛샘들의 협력과 교류는 지역 사회와 식문화를 더욱 풍요롭게 만들고, 지역 커뮤니티의 상생과 발전에 크게 기여하고 있습니다.

결론

검단구 대곡동의
새로운 Farmer Culture로의 미래 비전

결론 : 검단구 대곡동의 새로운 Farmer Culture로의 미래 비전

UNIT 1. Farmer Culture의 개념

'Farmer Culture'는 농업과 관련된 다양한 사회적, 문화적, 교육적 및 치유적 측면을 아우르는 개념입니다. 인천 검단구 대곡동 지역에서의 농업과 문화는 이 개념을 잘 반영하고 있습니다. 이 지역에서 농업은 단순히 식량을 생산하는 활동을 넘어, 커뮤니티 구성원들의 삶, 문화, 교육 및 치유와 깊이 연결되어 있습니다. 다음은 이러한 개념을 구체적으로 설명합니다.

1. 문화와 삶

대곡동 지역의 농업은 지역 문화와 밀접하게 연결되어 있습니다. 전통적인 농법과 현대적 기술이 융합되어 지역의 독특한 농업 문화를 형성하고, 이는 주민들의 일상생활과 직접적으로 연결됩니다. 지역 축제, 시장, 요리 전통 등은 농업과 그 수확물을 중심으로 구성되며, 지역 커뮤니티의 정체성과 전통을 강화합니다.

2. 만남과 교육

대곡동의 농업은 사람들 간의 만남과 교류의 장입니다. 농업 관련 워크숍, 교육 프로그램, 투어 등을 통해 지역 주민들과 방문객들에게 농업의 가치와 중요성을 전달합니다. 이러한 활동은 농업 지식을 전달하고 지속 가능한 농업 노하우를 교육하며 실천을 촉진합니다.

3. 치유와 머무르는 농업

대곡동에서의 농업은 치유와 휴식의 공간으로도 기능합니다. 치유 농업, 자연과의 교감, 스트레스 해소를 위한 활동은 정신적, 신체적 건강에 긍정적인 영향을 미칩니다. 농장 체험, 요리 치유 프로그램, 자연 친화적 활동 등은 방문객이 자연 속에서 머무르며 치유의 시간을 보내도록 합니다.

4. 지속 가능한 농업

이 지역의 농업은 지속 가능성에 중점을 두고 있습니다. 환경 친화적인 농법, 지역 식재료 사용, 자원의 효율적 관리 등은 지역 농업의 지속 가능한 발전을 위한 핵심 요소입니다.

결론적으로, 인천 검단구 대곡동의 'Farmer Culture'는 농업을 통한 커뮤니티 구축, 문화 전승, 교육 및 치유의 가치를 추구합니다. 이는 농업이 단순한 경제 활동을 넘어 사회적, 문화적 삶의 한 부분으로서 중요한 역할을 한다는 것을 보여줍니다.

UNIT 2. Farmer Culture의 인물과 실천, 미래비전

1. 인물 소개

- **농부 김금숙 여사:** 김금숙 여사는 60년의 농사 경험과 전통을 가진 농부로, 검단 대곡동의 농업 발전에 중추적인 역할을 하고 있습니다. 그녀의 농장은 다양하고 질 좋은 농산물을 생산하며 지역 식문화에 중요한 기여를 하고 있습니다. 또한, 김금숙 여사는 지역 사회와의 긴밀한 협력을 통해 지역 농업을 활성화하고, 젊은 농부들에게 멘토링과 지도를 제공함으로써 후대 농업인의 양성에도 힘쓰고 있습니다.
- **농부의 아들, 이남수 영농회장:** 혁신적인 농업 기술과 지역 사회에 대한 깊은 이해를 바탕으로 지역 농업의 미래를 이끌고 있습니다.
- **조성현 스타셰프와 맛샘 이종필:** 스타셰프와 부천대학교 호텔외식조리학과 교수는 창의적인 요리와 건강한 식문화를 추구하는 전문가들로, 지역 농산물을 활용한 혁신적인 요리를 선보입니다.

2. Farmer Culture의 핵심

검단 대곡동에서 이루어지는 'Farmer Culture'는 농부 김금숙 여사와 그녀의 아들 이남수 영농회장의 리더십 아래에서 발전하고 있습니다. 이들은 전통적인 농법과 현대적인 농업 기술을 결합하여 지역 농업의 발전을 주도하고 있으며, 이 과정에서 스타셰프와 맛샘과의 협력을 통해 농업과 요리의 만남으로 새로운 시너지를 창출하고 있습니다.

3. Farmer Culture의 실천

- **농업치유와 치유음식:** 김금숙 여사와 이남수 회장은 검단 대곡동에서 농업치유 프로그램을 운영하며, 지역 사회의 건강과 웰빙에 기여하고 있습니다. 이들은 치유 음식을 제공하여 신체적, 정신적 건강을 증진하는 데 중점을 두고 있습니다.
- **사회적, 지역적 봉사:** 이들의 활동은 단순히 농업과 요리에 국한되지 않고, 지역 사회에 대한 봉사와 기여로 확장됩니다. 이는 지역 공동체와의 긴밀한 협력을 통해 이루어집니다.

자연의 치유식탁

- 얼굴을 맞대고 협력하는 커뮤니티: 스타셰프와 맛샘들은 농부와의 협력을 통해 지역 농산물을 활용한 창의적인 요리를 선보이고 있으며, 이를 통해 지역 농산물의 가치를 높이고 지역 경제에 기여하고 있습니다.

4. 농부의 아들 이남수 영농회장의 Farmer Culture 미래 비전

농업회사법인 단풍나무 (주)메이플트리의 문을 도시 지역 주민들에게 활짝 열어젖혀 검단 대곡동의 'Farmer Culture'는 단순한 농업과 요리의 혁신을 넘어, 사회적, 문화적 변혁의 새로운 장을 열고 싶습니다. 저, 이남수는 우리의 농업 공간을 모두에게 개방함으로써, 더 많은 사람들이 치유농업의 진정한 가치를 체험하고, 지속 가능한 생활 방식의 중요성을 깨달을 수 있도록 하겠습니다.

우리의 노력은 농작물을 재배하는 것을 넘어서, 건강하고 지속 가능한 삶을 위한 새로운 방향을 제시합니다. 단풍나무 (주)메이플트리에서는 도시 지역 주민들이 직접 땅을 일구고, 식물을 키우며, 자연과 함께하는 치유의 시간을 가질 수 있도록 합니다. 이 과정에서 우리는 농업이 단순한 생계 수단을 넘어, 심신의 건강과 지역 사회의 복지에 기여할 수 있는 강력한 수단임을 보여주고자 합니다.

이곳에서의 경험은 단지 농사 지식의 습득에 그치지 않습니다. 공동체의 일원으로서 서로를 지원하고, 함께 배우며, 지역 사회 내에서 긍정적인 변화를 만들어 가는 과정입니다. 이를 통해 사람들이 자연과 더욱 깊이 연결되고, 서로에 대한 이해와 존중이 깊어지길 바랍니다.

저와 단풍나무 (주)메이플트리는 검단 대곡동을 농업치유와 치유음식의 선두주자로 만들겠다는 굳은 다짐을 하고 있습니다. 우리의 문은 항상 열려 있으며, 이 길을 함께 걸을 모든 분을 환영합니다. 우리의 노력이 검단 대곡동뿐만 아니라, 인천 검단구, 김포, 강화도까지 더 넓은 지역 사회에 긍정적인 영향을 미치고, 농업과 요리의 혁신적인 모델로 자리매김할 수 있기를 소망합니다.

부록

출생 및 초기 생애

- 1952년(태어남): 황해도 연백에서 태어나, 새로운 희망을 품고 세상에 오다.
- 1953년(1세): 북한의 남침으로 가족과 함께 검단으로 피난하다.

학력 및 자기개발

- 2001~2002년(49~50세): 새로운 언어 배움의 여정, 생활 일본어 과정 수료하다.
- 2012년(60세): 예화 중고등학교 졸업, 늦은 나이에도 교육의 꿈을 이루다.
- 2015년(63세): 부천대학교 호텔외식조리과 전문학사과정 졸업, 열정으로 꿈을 실현하기 시작하다.
- 2017년(65세): 부천대학교 호텔외식조리학과 학사학위 전공심화과정 졸업, 지속적인 자기개발로 전문성을 갖추다.

직업 및 사회 활동

- 1982년(30세): 대왕마을 부녀회장으로 활동, 리더로서의 첫발을 떼다.
- 2015년(63세): 마을 부녀회장으로 활동 시작, 지역 사회를 위한 첫걸음을 내딛다.
- 2021년(69세): 농협 20개 마을 총회장으로 선출, 리더십과 헌신으로 지역 사회의 변화를 이끌다.
- 2024년(72세): 검단농협 부녀회장으로 활동 중, 끊임없는 노력으로 지역 사회에 기여하다.

주요 활동 및 수상

- 서해 부채춤 장구 취미교실에 참여, 문화와 예술에 대한 열정을 나누다.
- 수원시민회관 및 인천시민회관에서 개최된 농어민 대상 문화와 예술축제에서 1등 수상, 뛰어난 예술성과 창의력을 증명하다.
- 새마을회 1년 과정 수료, 지속적인 학습과 개발로 자아를 실현하다.
- 검단농협 주부산악회 활동(총무, 부회장, 수석부회장, 회장), 지속적인 리더십과 팀워크로 산악회를 이끌다.
- 검단농협 주부대학 총회장으로 6년간 활동, 지식 공유와 학습의 중심이 되다.
- 지역 농촌 일손돕기, 인천 서구 복지회관 봉사, 밥봉사, 불우이웃 돕기 등 다양한 봉사 활동에 참여, 사랑과 나눔으로 지역 사회에 기여하다.

김금숙 여사의 여정은 끊임없는 노력과 학습, 그리고 지역 사회에 대한 깊은 애정을 보여줍니다. 그녀의 삶은 나이와 상황에 구애받지 않고, 항상 성장하고 발진할 수 있는 가능성을 상징합니다.

존경하는 우리 어머님

어머님께서 하신 일들을 이렇게 글로 적어서 책을 출간하시게 된 것을 축하드립니다.
결혼해서 15년 동안 언제나 한결같으신 어머님을 보고 항상 감동을 받고 자극을 받으며 생활하고 있습니다.

어머님을 보면 배움에 대한 열정은 나이가 들어도 꺼지지 않는 것을 느낄 수 있었습니다. 주변 환경은 전혀 문제가 되지 않았습니다. 할 수 있는 상황에서 최선을 다하시고 최선을 다한 만큼 그만큼의 노력이 결실을 맺는 모습을 볼 수 있었습니다.

아이들에게도 앞으로의 진로를 정할 때 정말 좋아하면서 사회에 도움이 될 수 있는 일들을 생각해보라고 이야기합니다. 참교육을 직접 보여주시는 어머님 덕분입니다.

인생은 한 걸음씩, 한 계단씩 웅대한 꿈을 추구하며 앞으로 또 앞으로 달려가는 것처럼 어머님을 보면서 새로운 일에 도전하는 그 열정과 노력을 본받고 싶다고 느낍니다.

언제나 긍정적인 마음으로 부지런히 생활하시며 농사일과 여행에 운동까지 하시며 지역사회 일을 비롯해 봉사활동까지 도맡아 하시는 모습은 저희 삶의 원동력이 되고, 저 또한 손자, 손녀에게 가르치고 싶은 부분입니다.

이제는 건강을 조금 더 생각하시고
일도 좀 줄이시면서 손주들과 오래오래 즐겁게 함께하셨으면 하는 게 제 바람입니다.

저희 세 며느리가 아들 삼형제만큼 든든한 딸 같은 며느리가 될 수 있도록 더욱 노력하겠습니다.

어머님 사랑합니다.

어머님의 첫째 며느리 김*신

No.1 우리 어머니

2014년 10월 둘째 며느리가 돼서 10년을 살면서 지금까지 이렇게 멋진 분을 본 적 있나 싶습니다. 항상 배움을 가까이하시고 운동과 일도 즐겁게 하시는 모습을 볼때마다 저 스스로도 많을 걸 배우게 됩니다.

젊은 시절 동생들 뒷바라지에 아들 셋 키우시느라 정말 원하셨던 학업을 포기하시고 본인의 상황을 비관하기보단 가족들 미래를 위해 꿈을 잠시 접으시고 동생 분들이 좋은 학벌 좋은 직장을 가질 수 있게 도와준 어머니 너무 존경합니다.

부모는 자식의 거울이라는 말이 있듯이 세 아들 또한 남에게 베풀 줄 알고 형제간에 우애를 보면 이 또한 어머님 가르침과 부지런한 모습을 보고 배운 결과라고 생각합니다. 먼 미래 우리 아이들에게 이보다 좋은 재산도 없지 않을까요?

오랫동안 겸손하고 부지런한 모습으로 따뜻한 마음을 남에게 베풀어 오셔서, 주변에서 어머님을 존경스럽고 훌륭한 사람이라고 말씀하는 게 아닌가 싶습니다.
그런 어머님의 며느리라 너무 감사드리고 그런 어머님을 닮은 아드님과 너무 예쁜 아이들과 살고 있는 지금의 제 삶에 감사드립니다.

저의 롤모델인 어머님!
항상 건강하시고 지금처럼 멋진 모습 행복한 모습으로 저희 옆에 오래오래 함께해주세요.
사랑합니다.

둘째 며느리 최*희

다이아몬드 같은 여인

다이아몬드! 세상 사람들이 모두 좋아하는 보물 중의 보물이죠.
사람들 대부분은 완성된 다이아몬드를 보며 그 아름다움에 모두 취하지만, 저는 다이아몬드의
또 다른 본질인 '강함' 그리고 '노력이 낳은 결과물'에 더 높은 가치를 부여하고 싶습니다.

우리 어머님은 진짜 다이아몬드 같은 분입니다. 다이아몬드처럼 누구보다 강한 여자! 끊임없는
세공과정을 거쳐 탄생한 노력의 결정체인 다이아몬드처럼 노력형 인간의 끝판왕!
제가 이씨 집안에 막내며느리로 들어와 십 년 넘게 어머님 곁에서 함께 보내온 시간 동안 느낀
저희 어머님은 '강함과 노력형 인간'의 표상이라고 생각합니다.
본인의 가족을 위해 맞바꿨던 젊은 시절의 목표와 희망들...
어려운 현실 속에서도 가족을 위한 헌신적인 자세는 '강함' 그 자체였고, 그 바쁘신 와중에도 배
움을 게을리하지 않으셨던 부단한 '노력'은 본인을 다이아몬드처럼 돋보이게 만드는 결정적 요소
였다고 생각합니다.

가화만사성(家和萬事成)을 이뤄내신 우리 어머님...
근면성실(勤勉誠實)의 롤모델이신 우리 어머님...
더 이상 저희 어머님에 대해 무슨 말이 필요할까요?

어머님! 정말 많이 고생하셨습니다.
이제는 조금씩 즐기기도 하시면서 건강 챙기시고, 지금처럼만 저희 자식들 곁에서 손주들 커가
는 모습을 지켜보시며 즐거운 여생을 보내셨으면 하는 게 저의 바람입니다.
저도 어머님 모습을 본받아 또 다른 다이아몬드가 되고자 합니다.
여자로서 존경합니다. 어머님!
사랑합니다.

우리 가족의 최고 보물인 어머님
'김금숙'님을 생각하며

막내며느리 조*림

자연의 치유식탁

내가 지금까지 살아오면서 가장 아끼고 사랑하는 동생 같은 후배에게

책을 내게 된 것을 진심으로 축하하며 우리의 인연을 영광스럽게 생각합니다.

지난날을 돌이켜 보건대 금숙이와의 자랑스러운 인연을 맺게 된 것은 검단농협 주부대학을 졸업하면서 알게 되었습니다. 서로 바쁜 농사일을 하다 보니 서로의 마음이 통했고, 힘겨운 일로 서로 오가면서 둘의 생활 속에서 공통점을 알게 되어 이해와 사랑을 공유하게 되었습니다.

금숙 후배는 바쁜 가운데서도 마을에선 부녀회장, 농협에선 취미생활로 봉사활동, 산악회, 노래교실 등 각 분야에서 회장과 총무, 그리고 주부대학 총회장이라는 무거운 짐을 지고 회원들 선두에서 간장, 고추장, 된장 담그기 등을 이끌었습니다.

먹거리 장터라는 큰 행사를 치르면서 공동 자금을 마련해 장학금과 불우이웃돕기 등 국직한 사업을 했습니다. 또한 배움에 대한 한을 풀기 위해 인천 가좌동 예화중·고등학교에 다니면서 열심히 공부해서 반장까지 도맡았습니다. 또한 장학금을 100만 원씩 기부하여 찬조금을 후원했습니다.

그 후 부천대학교에 입학해서 여러 학생 중에도 교수님들의 아낌없는 칭찬과 격려와 배려 속에 우수한 성적으로 영광스러운 졸업장을 받게 된 후배에게 선배인 저 또한 많은 힘을 얻게 되었습니다.

고맙고 감사하고 훌륭함을 본받을 수 있음을 영광스럽게 생각합니다.

선배 최*자

김금숙님^^

지금부터 20여 년 전 인천대 평생교육원 운동반에서 김금숙님을 처음 만났습니다.
일주일에 두 번 레슨 있는 날마다 만났는데 온화하고 편안한 얼굴이었습니다.

그동안 같이 라운딩도 하고 여행도 같이 다니면서 가끔 본인의 힘들었던 가정사를 말씀하신 적
이 있었습니다.

그 어려운 생활 속에서도 긍정적이고 부지런하고
남에게 베풀기를 좋아하시는 금숙 님(우리는 언니라고 부름)을 회원들은
모두들 좋아했습니다.

아들 셋 잘 기르시고
손주들과 행복한 가정을 지키시는 거 보면
위대한 어머니의 힘이 느껴집니다.
이제 70세를 넘긴 나이에 책을 쓰신다고 해서 옆에서
20여 년 같이 보낸 지인으로서 금숙님의 책에 조금이나마
정성을 담아 마음의 글을 보태봅니다.

늘 고마웠고, 감사했습니다.

바다보다 넓은 마음을 품으신 김금숙님
건강하세요^^

서*옥

김금숙 언니께

20여 년 전 인천대학 외국어 교양과정에서 언니는 일본어반, 저는 영어반에서 각자 공부하던 중 운동 강습을 등록했는데, 첫날에 언니를 만났습니다.

그렇게 운동반에서 알게 된 언니는 어학과 운동에 열심히 하던 중~
건강식과 요리에 깊은 관심을 보이시며
부천대 호텔외식조리학과에 입학하여 관심 있는 분야를 공부하는 학구열에, 10년이나 젊은 우리가 따라갈 수 없을 정도로 부지런함과 근면함에 놀라지 않을 수 없었습니다.

농사일에도 언니의 역량을 발휘하며 직접 농사지은 작물들로 무공해 고추장, 된장을 만들어 판로까지 개척하는 무한한 능력에 매번 감탄할 뿐입니다.

게다가 검단에서 손꼽을 정도로 여성회 봉사활동을 하시는 모습을 보며 인생의 선배로서 배울 점이 많은 언니를 알게 됨에 감사합니다.

모임에서 처음 알게 된 언니지만,
특별한 리더십으로 지금까지 모임의 회장 자리를 지키시며 동생, 형님들을 아우르셔서 우리는 지금까지 20년 넘게 목련회라는 모임을 유지할 수 있었습니다.

긴 세월을 함께하면서 언제나 변함없는
좋은 인성과 성실함에 박수를 보내며 언니를 응원합니다.

유*숙

자연의 치유식탁

Photos of **Memories**

김금숙 여사와 이*서님의 결혼 사진

두 사람의 새로운 시작과 평생 함께할 삶의 약속을 담은 순간입니다.

이 사진은 시간을 초월한 사랑의 서약을 상징하며, 이들의 연결고리가 될 세 자녀, 이남수, 이*수, 이*수 삼남을 통해 가정의 확장과 풍요로움을 예고합니다.

김금숙 씨의 가족사진

아버지 김*수님
(부지런하시고 자상하신 분이셨음)

어머니 손*전님
(늘 큰 딸 걱정에 눈물 흘리신 분)
자녀 김금숙
　　　김 * 란
　　　김 * 화
　　　김 * 구

자연의 치유식탁

참고문헌

- 『삼국사기(三國史記)』
- 『고려사(高麗史)』
- 『세종실록지리지(世宗實錄地理志)』
- 『신증동국여지승람(新增東國輿地勝覽)』
- 『여지도서(輿地圖書)』
- 『택리지(擇里志)』
- 『대동지지(大東地志)』
- 『농사직설』
- 염정섭(2015). 우리나라 농업의 역사-신석기 혁명부터 쌀 개방까지(징검다리 역사책 10). 사계절
- 국립원예특작과학원 황정환(2019). 의식주로 즐기는 텃밭정원 이야기-어르신 중심 치유농업. ㈜문영당
- 이종필(2021). 맛의 기술. 백산출판사
- 이종필(2022). 소스랩. 백산출판사
- 이종필(2023). 치유의 맛. 백산출판사
- 김평자(2010). 심혈관 뇌혈관 질환과 암을 다스리는 항산화 식사법. 아카데미북.
- 김소영(2019). 뇌 노화를 예방하는 식품요법. 푸른책들.
- 이권세 외(2019). 좋은 지방 식사법, 솔트앤씨드.
- 이영주(2019). 선식, 후식으로 먹는 힐링 식사. 김영사.
- 문춘옥(2019). 문춘옥의 푸드 테라피. 삼영출판사.
- 벤자민 카민스키(2013), 인체의 이해 : 질병, 발생, 예방. 미디어숲.
- 장지혜(2018). 세상에서 가장 건강한 한 그릇. 바른북스.
- 정수민(2017). 굿푸드 레시피. 랜덤하우스코리아.
- 구와지마이와오(2015). 혈관을 튼튼하게 만드는 23가지 습관. 태웅출판사.
- 김광현(2017). 근육건강과 근력강화를 위한 식습관. 비전과소명.
- 김상원(2020). 영양치료. 상상나무.
- 김성종(2018). 뼈건강을 위한 식습관. 한들출판사.
- 김소영(2019). 뇌노화를 예방하는 식품요법. 푸른책들.
- 김수정(2017). 몸과 마음을 감싸주는 식품요법. 청림출판사.
- 김영호(2018). 내 눈건강을 지키는 눈운동과 식습관. 길벗출판사.
- 나카가와히데코(2021). 지중해 샐러드. 이퍼블릭.
- 니시무라마 유미 저, 이희건 옮김(2011). 마크로비오틱 키친. 백년후.
- 다이나 R. 에반스(1999). 누구나 알기 쉬운 음식 치료법. 세창출판사.
- 더글라스그라함(2022). 산음식, 죽은 음식. 사이몬북스.

자연의 치유식탁

- 리사모스코브(2013). 브레인푸드 : 당신의 뇌를 위한 식사법. 살림출판사.
- 문춘옥(2019). 문춘옥의 푸드테라피. 삼영출판사.
- 박상희(2016). 영양학. 하나미디어.
- 박석찬(2019). 간건강을 지키는 식품요법. 청림출판사.
- 박성혁(2019). 내몸이 알려주는 장 건강신호. 다산북스.
- 박은경(2019). 흑흑, 폭풍우가 오네요. 건강을 지키는 식사요법. 아울북.
- 벤자민 카민스키(2013), 인체의 이해: 질병, 발생, 예방. 미디어숲.
- 상형철(2020). 병원 없는 세상, 음식치료로 만든다. 물병자리.
- 신성숙(2018). 면역력을 높이는 식습관. 해와참.
- 신영복(2018). 심혈관질환 예방과 식습관 개선. 고려의료출판사.
- 신재용(2019). 먹으면 치료가 되는 음식 672. 북플러스.
- 윤선영(2018). 소화기 건강을 위한 식품요법. 해와참.
- 윤혜경(2019). 피부힐링 레시피. 해와참.
- 이경은(2017). 대사증후군 극복 식품요법. 비전과소명.
- 이권세 외(2019). 좋은지방 식사법. 솔트앤씨드.
- 이상희(2018). 당뇨병이 다가오면. 월간의사.
- 이시영(2021). 면역이 암을 이긴다. 한국경제신문.
- 이영주(2018). 집에서도 따라 할 수 있는 자연테라피 음식. 김영사.
- 이영주(2019). 선식, 후식으로 먹는 힐링식사. 김영사.
- 이인자(2018). 식물성유산균 요리법. 황금나침반.
- 구와지마 이와오 저, 이진원 역(2013). 혈관을 튼튼하게 만드는 23가지 습관. 태웅출판사.
- 최일화(2018). 식물성 식품의 섭취와 건강. 백산출판사.
- 최지혜(2019). 대장건강을 지키는 식습관. 청림출판사.
- 케이트 스퀴어(2015). 환자의 식탁. 생명의말씀사.
- 하병근(2020). 비타민 C 항암의 비밀. 페가수스.
- 한가람(2017). 한가람이 전하는 몸으로 치유하는 약초식품 요리. 나무수길.
- 한형선(2020). 한형선 박사의 푸드닥터. 헬스레터.
- 홍순명(2005). 심장혈관질환의 맞춤 영양식사요법. UUP.
- 쓰가와 유스케(2020). 과학으로 증명한 최고의 식사. 이아소.
- Alejandro Junger(2018). Clean 7: Supercharge the Body's Natural Ability to Heal Itself - The One-Week Breakthrough Detox Program. Harperone.
- Anthony William(2018). Medical Medium Thyroid Healing : The Truth behind Hashimoto's, Graves', Insomnia, Hypothyroidism, Thyroid Nodules & Epstein-Barr. Hay House Inc.
- Aviva Romm, MD(2017). The Adrenal Thyroid Revolution : A Proven 4-Week Program to Rescue Your Metabolism, Hormones, Mind & Mood. Harperone.

참고문헌

- Crowley, Sharon L.(2003). Arranging Things : A Rhetoric of Object Placement. University of Alabama Press.
- Chris Kresser(2017). Unconventional Medicine : Join the Revolution to Reinvent Healthcare, Reverse Chronic Disease, and Create a Practice You Love. Lioncrest Publishing.
- John La Puma, M.D.(2008). ChefMD's Big Book of Culinary Medicine : A Food Lover's Road Map to Losing Weight, Preventing Disease, and Getting Really Healthy. New York : Crown Publishing Group.
- David Ludwig(2016). Always Hungry? : Conquer Cravings, Retrain Your Fat Cells, and Lose Weight Permanently. Grand Central Life & Style.
- David Perlmutter(2018). Brain Wash: Detox Your Mind for Clearer Thinking, Deeper Relationships, and Lasting Happiness. Little, Brown Spark.
- Izabella Wentz, Pharm, D.(2017). Hashimoto's Protocol : A 90-Day Plan for Reversing Thyroid Symptoms and Getting Your Life Back. Harperone.

자연의 치유식탁

저자와의
합의하에
인지첩부
생략

농부, 스타셰프, 맛샘의 음식 이야기
자연의 치유식탁

2024년 7월 10일 초판 1쇄 인쇄
2024년 7월 15일 초판 1쇄 발행

지은이 김금숙·이남수·조성현·이종필
펴낸이 진욱상
펴낸곳 (주)백산출판사
교 정 박시내
본문디자인 오정은
표지디자인 오정은

등 록 2017년 5월 29일 제406-2017-000058호
주 소 경기도 파주시 회동길 370(백산빌딩 3층)
전 화 02-914-1621(ft)
팩 스 031-955-9911
이메일 edit@ibaeksan.kr
홈페이지 www.ibaeksan.kr

ISBN 979-11-6567-872-2 03590
값 30,000원